MAKE YOUR KID A MONEY GENIUS
(Even If You're Not)

如何培养高财商孩子

（即使你是个资质平平的父母）

影响孩子一生的金钱对话

[美] 贝丝·柯林娜 —— 著

刘小玥 肖春霞 —— 译

中信出版集团 | 北京

图书在版编目（CIP）数据

如何培养高财商孩子：影响孩子一生的金钱对话 /
（美）贝丝·柯林娜著；刘小玥，肖春霞译. -- 北京：
中信出版社，2019.8
　　书名原文：Make Your Kid A Money Genius
　　ISBN 978-7-5217-0385-6

　　Ⅰ.①如… Ⅱ.①贝… ②刘… ③肖… Ⅲ.①财务管
理—家庭教育 Ⅳ.①TS976.15②G78

中国版本图书馆 CIP 数据核字（2019）第 068681 号

如何培养高财商孩子：影响孩子一生的金钱对话

著　　者：[美]贝丝·柯林娜
译　　者：刘小玥　肖春霞
出版发行：中信出版集团股份有限公司
　　　　　（北京市朝阳区惠新东街甲4号富盛大厦2座 邮编 100029）
承 印 者：三河市中晟雅豪印务有限公司
开　　本：787mm×1092mm 1/16　　印　张：19.5　　字　数：185千字
版　　次：2019年8月第1版　　　　印　次：2019年8月第1次印刷
京权图字：01-2019-3325　　　　　广告经营许可证：京朝工商广字第8087号
书　　号：ISBN 978-7-5217-0385-6
定　　价：52.00元

有没有一本让全家人都乐此不疲的理财书呢？这本书就是！不仅如此，本书饱含智慧，而且它的确能为大众服务。贝丝·柯林娜真是创造了一个奇迹。这本令人信服的、充满睿智的书将让你的孩子受益一生，你也会受益匪浅。

——卡斯·桑斯坦，哈佛大学教授、哈佛大学行为经济学和公共政策项目总监、《纽约时报》畅销书《助推》合作者

一部直抵心灵的必读书，字里行间透露着作者的智慧和幽默。我多么希望，在我孩子还小的时候，我就有幸读到它——但不管怎样，你什么时候开始读它都不算晚。

——蔡美儿，耶鲁大学法学院终身教授、《纽约时报》畅销书《虎妈战歌》作者

如果你曾经疑惑如何跟你的孩子探讨理财问题，那这本书非常适合你。贝丝·柯林娜将为你一一道出理财的观点，每对父母都应该和他们的孩子尽早谈论金钱的事情，而且谈得越多越好。这本书绝对不负众望，只要你听从柯林娜的有效建议，你就会很轻松地把你的孩子培养成理财天才。

——阿兰·克鲁格，白宫经济咨询委员会前主席、普林斯顿大学经济与公共事务学院客座教授

今天的孩子需要像人类最初了解剑齿虎的危险性一样，了解借记卡的风险。在这个前所未有的、错综复杂的金融世界里，父母每一次购买儿童座椅都要用到柯林娜的生存指南。

——阿曼达·瑞普利，《纽约时报》畅销书《世界上最聪明的孩子》作者

当学校不断认识到理财教育的必要性时，柯林娜为孩子们最重要的老师——家长开设了一门研究生课程。毫无疑问，这本书对每一个家庭都是十分必要的。

——阿恩·邓肯，美国教育部前部长

我们大多数人对理财没有任何概念，而我们的孩子不会像我们一样。贝丝·柯林娜用她坦率直白又不失幽默的语言，引经据典，把我们从万丈深渊中拯救出来。无论你的孩子在学前班还是高中，这都是一本必读书籍。

——朱丽叶·莱斯考特－海姆斯，《纽约时报》畅销书《如何让孩子成年又成人》（*How to Raise an Adult*）作者

父母如何对待孩子的零花钱？孩子上学期间是否需要打工？孩子在大学期间使用信用卡是否是个好主意？柯琳娜帮助我们解决这些看似微小但很重要的问题，这些问题将帮助父母和孩子掌握十分重要的理财技能。

——苏珊·福尔曼，哥伦比亚大学教师学院院长

贝丝·柯林娜知道，孩子们应该早点学会理财的技能，他们慢慢长大后就会掌握更多的技巧。这本书旨在通过深入探究一个艰深而重要的话题，帮助父母为他们的孩子奠定坚实的理财根基。

——小约翰·W. 罗杰斯，艾瑞尔投资公司（*Ariel Investments*）董事长兼 CEO、美国青年财政能力咨询委员会轮值主席兼董事长

柯林娜能细腻而准确地把握孩子们在每个年龄段最适宜的理财方法，从零花钱到数学游戏到赋予孩子们独立性，是她让父母知道，用钱说话是与孩子互动的重要部分。

——图瓦·P. 克莱恩，巴纳德学院儿童发展中心主管，《以孩子想要的方式陪他成长》（*How Toddlers Thrive*）作者

贝丝·柯林娜的其他著作：

《建立理财人生：给二三十岁的你的个人理财课》（*Get a Financial Life: Personal Finance in Your Twenties and Thirties*）

谨以此书献给我的父母——
雪莉和哈罗德·克布莱恩。

在我们的童年时
期，他们就把金
钱观深深印刻在
我们兄妹心中。

Make Your Kid A Money Genius

　　为了孩子，每个家长都愿倾其所能做到最好。 我们想要教授给他们的生活技能不胜枚举，却往往不知从何开始。我认为，能帮他们做出明智财务决策的知识是他们提升生活能力的重中之重。这不仅关系到他们的日常财务，也涉及婚姻、生育、乔迁、退休等一生中的诸多大事。金钱在所有这些领域都发挥着重要的作用，并且我相信，帮助我们的孩子学会自在和自信地管理财富会使他们更幸福。正确认识财富可以赋能我们每个人，也同样决定了我们家庭、社区和经济体的发展程度。

因此，财商教育值得我们投入时间和精力。

　　这就是《如何培养高财商孩子》值得父母仔细阅读的原因。与正式的课堂教育相比，孩子们从家庭中学到的东西往往对他们有更深远的影响。我们从调查中了解到：许多成年人在为自身的财务问题而挣扎，当他们的孩子需要帮助时，他们往往不知道如何提供指导。本书从储蓄、工作、借贷、消费、保险、投资等多个角度，针对小学、初中、高中、大学和成年初期的孩子的认知能力和消费能力，为家长提供了融入生活、简单易行的财商教育建议，不但能够让家长意识到财商教育的重要性，而且能确保我们的下一代从小就学会这项必备技能——管理财富。

　　世界上许多国家都在为改善其国民的金融教育做着长期努力。他们力求将来自各个领域的各种不同的人和组织聚集在一起，寻求可以让人们终生从容理财的方法。正确认识金钱是一个如此重要的问题，乃至二十国集团（G20）国际论坛的各国领导人都非常赞同经济合作与发展组织制定的金融教育战略。他们深知，尽可能多地向更多人提供金融教育将成为个人和国家成功发展的最大贡献要素之一，而这也是捷信始终贯彻于实践的理念。

作为一个消费金融服务商，我们在全球范围内关注并致力于开展公益性金融教育活动，以加深人们对金融的理解，提升人们对金融的应用能力。在中国，目前已有200万人从我们的金融教育中受益。到2020年底，我们的目标是使我们的金融教育在中国惠及600万人。为了确保金融知识普及活动能够获得广泛的影响力，我们与一些经验丰富和声誉卓著的机构开展合作。例如，我们与中国金融教育发展基金会合作，重点是扶贫以及惠及小学生的将金融知识纳入国民教育体系的项目。我们还与中央财经大学合作，加强各个群体，尤其是农民工群体的金融教育。

我们的金融蒲公英项目也在中国各地的社区提供一系列金融知识普及教育服务。

从小开始学习财务知识很重要，特别是越来越多的孩子在很小的时候就开始面临财务问题，他们一旦离开学校就会经常面临财务挑战。《如何培养高财商孩子》将帮助父母和孩子更好地习得财务知识，赢取成功机遇。我们在本书中找到了契合捷信发展理念的珍贵的亲子财商教育方法，并相信它能够影响家长对待财商教育的态度和实施财商教育的方法。因此，捷信非常荣幸地为本书中文版出版提供支持，希望帮助更多人自在和自信地管理财富。

捷信集团董事会董事　梅恺威

你可以让自己的孩子
成为理财天才

　　我的朋友凯伦现在 40 多岁，她特别喜欢讲她小时候总是问她妈妈小婴儿是从哪里来的事。听到这个问题，平时健谈的母亲从摇椅上坐起来，嘟囔着烤肉锅要煳了，赶紧躲开了这个问题。第二天，凯伦就发现她的枕头上多了一本关于鸟儿和蜜蜂的书，而关于小婴儿从哪里来的话题再也没有被提及过。

　　为什么我会想起这个故事？因为凯伦现在已经是三个孩子的妈妈，她可不想再以这样的方式和她的孩子聊这个话题。

她跟大多数我所认识的父母一样，会非常轻松地和她的孩子们实事求是地谈论这个话题，她觉得告诉他们是她的义务。当我们谈论性、毒品和酒精的危险性，安全带的必要性，抑或是全麦食品的好处时，我们都尽量做到实话实说，而且小心谨慎地遣词造句。我们尽量把这些有点别扭的话题描述得直截了当，不像我们的父母那样，而且我们为自己的诚实和直白而感到欣慰。

但是，谈到钱的话题时我们就没有这么淡定了。

当我们的孩子提出这个话题时，大部分的父母就会立刻陷入痛苦模式：我们开始撒谎。（"对不起，宝贝儿，我不能给你买这个，因为我没有带钱包。"）我们的内心开始变得不安。（"我的孩子怎样才能还得上学生贷款？"）我们变得拖延。（"我们要严格执行我们一贯的零花钱策略！从下个月开始！"）简而言之，我们不愿给孩子讲授生活中真实的财务问题，无论是做预算会涉及的收入和支出，还是如何应对信用和债务，我们甚至连基本的储蓄和投资的概念都不给孩子灌输。对父母而言，这些话题只会让谈话变得更困难。任何人如果留意两三岁的孩子如何玩平板电脑就会明白，我们的孩子在用一种前所未有的方式与这个世界产生连接。你是否记得，你的孩子最近一次去银行的时间？并不记得。

我人生中大部分时间都在写关于个人理财的著作，我也了解父母羞于跟孩子谈钱的许多原因。大部分的父母认为，他们自己都不知道如何理财。只要一提起金钱这个话题，即使不让人感到恐惧，也会令人不安，因为我们总是担心，如果解释错误了，会让我们的孩子一辈子陷入深深的债务里难以自拔。有些父母为自己没有做好理财而感到愧疚，担心他们的孩子看到他们在处理财务问题上一团乱麻的窘迫情形。但即使是那些财务状况十分良好的父母，谈起钱来也是闪烁其词。

很多研究显示，父母对孩子的财务行为影响最大，那么父母就是孩子财商问题的症结所在。如果你能够在孩子上学之前，就跟他谈论金钱的话，这会变得非常有意义。英国剑桥大学的一份报告总结道，在 7 岁时，孩子管理金钱的很多习惯就已经形成了。

在过去的 30 年里，我曾经做过很多关于孩子理财的演讲，也听过很多故事。我曾经拜访芝麻街去传授艾莫（Elmo）存钱的方法，也花了大量的时间在华尔街游说，并且我的很多想法会影响到金融大咖。我作为美国青年理财能力咨询委员会专家委员，曾经建议过美国前总统巴拉克·奥巴马，提出一项名为"金钱伴随孩子成长"的倡议，旨在告诉父母们，在孩子成长的每个阶段都要了解金钱的意义。在这个过程中，我全身心投入关于行为经济学、社会心理学、金融学的报告和著作中，以此来应对这个日益复杂的话题。

同时，我也和几十个家庭交流，倾听他们的经历。这些父母和孩子的故事就穿插在你手中的这本书里。他们中的一些人本来就是我的好朋友，有些则是我在调查过程中认识的。（在大多数情况下，我已经把他们的名字和身份细节做了处理来保护他们的隐私，有时候是保护他们的过错。）我从这些家庭中了解到的他们对待金钱的真知灼见十分宝贵，这些认识可以与学术研究相媲美。

　　关于理财的观点都被总结在这本书里。我在书中列举出你需要教给孩子的理念，无论他们是 3 岁还是 23 岁。我把整本书分成六个年龄段：幼儿园时期、小学时期、初中时期、高中时期、大学时期、成年初期。除了一些基础的财务知识，你会深入了解到一系列与金钱有关的话题。你将了解到，当你教育孩子如何对待金钱时，为什么给零花钱会适得其反，为什么课余时间兼职不能永远解决问题，诸如此类。你还将了解到，为什么如果你对上幼儿园的孩子不设置消费底线，孩子长大后就特别容易成为卡奴。你还会认识到，为什么让你十几岁的孩子开设经纪人账户，了解股票市场是个彻头彻尾的错误。你会知道，什么年龄是你给孩子信用卡的最佳年龄，为什么给孩子一点现金是保护孩子的积极举动。我会向你一点点展示这些有效的理财技巧，帮助你的孩子树立坚定的职业信仰，同时帮助他们攒下更多的收入。而且，你完全不需要用任何艰涩的专业术语去跟孩子解释支付大学学费的事情，还会明白为什么你必须在孩子上九年级之前就要开始与他们进行关于金钱的对话。

因为这就是答案：风险从来没有像现在这么高。整个美国倡导的"为自己负责"的个人理财情形越来越普遍，从医疗补助到退休计划，所有事务都是如此，让孩子从小学会理财比以往任何时候都更加重要。更加令人担忧的是，现在的父母对他们下一代可选择的机会不再乐观。以前的父母都坚信自己的孩子青出于蓝而胜于蓝，但是现在民调的结果显示恰恰相反：他们不相信他们的孩子会变得更优秀。

现在帮孩子学会良好的理财技巧会给他们的未来带来巨大的改变，能决定你为他选择的是经济稳定的优渥生活，还是充满财务窘蹙的拮据人生。

好吧，你一定在想，赶快给我点儿精明有效的建议吧，贝丝。我懂的，那就是让我们的孩子成为理财天才，对吗？请继续读下去。

是的，亲爱的读者们！我真的是指天才，让我来解释一下。

关于个人理财的秘密之一就是，在理财过程中，真正重要的，并且需要掌握的概念其实很少。投资最精明、理财最成功的人士都知道这一点。问题是，几乎各行各业都在吸引像乔和乔安娜（以及他们的孩子）这样的普通人，让他们完全忽略了这一点。无论是诱导孩子们"需要"购买最新的士力架或者电脑游戏的市场营销人员，还是向囊中羞涩的大学生兜售信用卡的公司，他们惯用的推销伎俩都让我们忽略了基本的理财常识——留下我们更多的金钱。记住：他们都在填满他们的钱包，而不是你的。

但这也是好消息。

你看，即使你不是理财达人，也能让你的孩子成为理财天才。不管你的财务状况如何，也不管你的家庭收入如何，这本书都会给你持久有效的理财指导。或者可以说，这是一本帮你给孩子灌输各种理财技巧的工具书，这些技巧很可能会与你的孩子相伴终生，让他们在他们的年代里脱颖而出，当然我是指他们在金钱这方面。

但我并不是说只要把书扔到孩子的床上，让他们自己去阅读，去吸收其中的道理就行了。恰恰相反，这本书是一个对话的开始，但真正开启对话还得取决于你。那么，你还在等待什么呢？

第 一 章

与孩子谈钱的
14 条建议

Make
Your Kid A Money
Genius

如果你在阅读这本书，这就说明，你认为你应该和你的孩子开诚布公地讨论金钱的话题。或许这个话题令你恐惧、不安，又或者你只是在寻找谈论这个话题的好方法，在你拿到这本书的时候，解决办法已经在你手中！来吧，让我们开始吧！

　　首先，我简单概述下本章的内容。尽管本章的题目听起来好像是要把你打造成一位严格的财务教官（就像"从现在开始，给我做 20 道复利计算题"那样），但我的本意并不是这样。在这一章里，我会给你讲一些简单的道理，会让你轻松地了解一些宏观的概念和背景知识，这将有助于你向孩子解读管理金钱的理念。有些观点可能适用，有些或许不那么奏效，这完全取决于你孩子的年龄、兴趣点，甚至性别。所以，你不需要记住所有的内容，也不用做令人抓狂的笔记。你只需要放下手中的荧光笔，仔细读一读就可以了。

在我们开始之前，我还是要强调一下：关于金钱的对话，绝对不是从真空环境开始的。实际上，金钱在我们繁杂的生活中不时闪现出来，贯穿于我们的日常生活，所以大部分的学习就发生在这些日常的"可教育时间"里。书里的观点和技巧意味着这本书可以帮助你更有效地利用生活中的机会对孩子进行金钱教育。

让我们开始吧。

与孩子谈钱的 14 条建议

第 1 条　跟孩子谈钱要趁早，比你设想的时间还早

威斯康星大学麦迪逊分校的研究报告显示，孩子在 3 岁的时候，就能够理解经济学的概念，比如价值和交换，尽管他们的理解尚停留在非常粗浅的层面。他们甚至能够克制自己的欲望，做出不同的选择。虽然这些经济学概念十分基础，但是，它们对于我们理解金钱在日常生活中的作用是很重要的。尽管经济学中没有类似小莫扎特钢琴演奏视频那样的儿童普及产品，也没有

看起来像沃伦·巴菲特（Warren Buffett）的玩偶，只要用手一挤，它就会给你的孩子讲"低买高卖"的道理，但这并不意味着，你的孩子年龄太小，无法集中精力听你讲关于金钱的道理。

你蹒跚学步的孩子渴望，并且能够理解许多道理。当你注意到，你的孩子"刷"了下假的信用卡，要求按自动取款机的按键，或者好奇地翻你的钱包时，你就该教给他本书中的一些基本知识，比如钱是从哪里来的，怎么用钱付费买东西，而不是满脸宠溺地笑他"人小鬼大主意多"。即使你的孩子还在上幼儿园，理解不了那么深刻的道理，他也明白你教他的知识是很重要的，等他长大之后会用得上。而且更神奇的是，他俨然比你想象的要理解得多。

第 2 条　适龄教育

首先你要坚信跟孩子谈论钱是没错的，但是你讲的内容一定要适合孩子的年龄。如果你失业了，你最好给上小学的孩子讲："我们以后会经常在家做饭吃，因为在家吃要比在外面吃便宜很多。"你不必跟这么小的孩子提及你目前的状态不好，需要调低养老保险金，以保证全家的收支平衡。如果同样的情况发生在读高中的孩子身上，你可以说，你的收入减少可能会影响到他今后上大学的学费，这种说法不仅是可取的，而且也是非常明智的。你和孩子一起探讨，在目前的状况下，你不可能像以前那样能够承担孩子大学期间那么多的支出，同时你也要跟他解释，他以后可能还会申请到其他的补助。通常来说，如果你要跟孩子探讨一些比较艰涩的财务问题，只要实话实说就行，但同时要让他们放心，无论如何他和你都可以共同解决问题。

第3条　多讲些趣闻轶事

每当我们一本正经地和孩子讨论严肃话题时，孩子就躲到一边去了。更糟糕的是，我们原本的好意可能会激怒他们，把他们推向我们不愿看到的对立面。实际上，我们可以用讲故事的方式来阐述一个观点。我的朋友年前去欧洲旅行了一个月，消费毫无节制，信用卡额度透支太多，之后买汽车时申请不到很优惠的汽车贷款利率。我在给孩子讲这个例子时，就会告诉孩子所有的细节（但不需要指名道姓）。这样的故事可以很直观地说明某些财务上的疏忽会给未来造成负面影响的道理，这会深深印在孩子的记忆里。正面案例同样重要，比如我的某个邻居因为一直省吃俭用地攒钱——当然扣除了1%的生活费花销，最后他买到了梦寐以求的渔船。这种方法你会用了吧？

第4条　使用数字，即使你有数学恐惧症

如果用数字支持你的观点的话，人们更容易理解金钱的概念。比如你对孩子说，"年轻时就把钱存进养老保险金里是非常重要的"，这么说的效果非常有限，不如直接举个例子："如果你从22岁开始每个月往养老保险里存315美元，你在65岁

时就能领到 100 多万美元。"毫无疑问，孩子会把这 100 多万美元记到脑子里。如果你不知道从什么地方找这样的数字给孩子举例子，可以使用本书中的一些案例，或者如果你很有兴趣的话，可以从一些理财网站上找点简单的在线理财计算器，比如 Moneychimp.com 网站。（我在上面的例子里使用的就是复利计算器，我保证非常简单。真的。）

第 5 条　不要隐瞒你之前理财失利的事情，也不要过度分享细节

我们通常遇到理财失利的时候总是喜欢调侃，无论是刷爆了信用卡，还是付不了一两张支票（或者十张支票）。但是，如果你不愿厘清理财时犯的错误，只是希望摆脱内心的负罪感是没有用的——你的孩子不是你的理财顾问。这里我引用下最近的一项关于如何跟孩子谈论毒品的研究。这项研究表明，之前曾经沉迷于毒品的父母不应该跟他们的孩子谈论太多的细节。如果你在回答孩子提出的一个直接的问题，一定要挑选那些你想与孩子分享的理财失误，或者说你为了和老朋友一起自驾旅行而花光了银行存款，或者讲述把你的 401K[①]退休金全部投资到一个失败率极高的商业计划上，这些都是我们过去痛恨不已的决策失误，需要用很多年的时间去弥补。

---

① 美国 1978 年《国内收入法》中新增的第 401 条 K 项条款的规定，是美国的一种特殊退休储蓄计划。——译者注

第6条　不要隐瞒随身带多少钱

这可能是很多家长或多或少都会遇到的苦恼问题。当我们为人父母以后，无论我们的钱包里是不是塞了足够的钱，每当我们经过孩子钟爱的玩具店，或者为买什么物品争执不下时，我们总想跟孩子撒点小谎，避免抑制不住可能的暴怒。千万不要这样做。你可能会对孩子说："我没有带钱，我没法买那包小熊软糖。"尽管这听起来没有什么害处，但是更好的方式是告诉孩子真实的不买糖的理由："不行，我认为我们现在不需要买它。而且，牙医建议我们不要吃这种糖果。"简单直接的回答是最有效果的。虽然你的确有特殊理由撒个小谎，但直接的解释对孩子接受你的决定而言更有帮助。如果你的孩子想买的物品不在你的预算范围之内，那就直接说出你的理由即可。或者，如果你有别的理由反对买这些物品，比如，你不愿让孩子在邻居家玩水枪，那也要说出来。记住，孩子是很聪明的，绝对不满足于你说的"我们买不起"之类的借口，因为根据民调显示，这条理由基本上不可信。无论你的理由是什么，比如说没带钱之类的都不会奏效，因为孩子知道，除了现金还可以有其他的支付方式。如果你哭穷几分钟后开始刷信用卡，那你真是糗大了。一旦你被孩子发现撒谎了，孩子以后总是会琢磨你是不是值得信任。因此，这样做是不可取的。总而言之，购物的时候宁可让钱包咬你一口，也不要事后被自己的谎言反咬一口。

第 7 条 明确你的财务负担，然后把它放到一边

尼娜现在 30 多岁了，经常跟别人，包括她的孩子聊天说她从来没有能力管钱，正像她所说的那样，这都是因为她的父母没有理财能力造成的。"他们根本不知道做预算，也从来不攒钱，对生活完全不负责任。"她评价说。我还认识一些客户与尼娜的情形恰恰相反：他们理不好财是因为他们的父母对钱控制得很严格、很谨慎，所以他们发誓，等他们成为父母后，绝对不会这样生活。

你能留意到你的父母如何理财，以及如何影响你的行为，能做到这点很好，但是不要把它当作你理不好财的借口，更不能因为这个原因，不去传授你的孩子关于理财的知识。积极地对待金钱，至少刚开始的时候要假装积极地对待，这总比消极对待要好。

第 8 条 为钱吵架一定要关上门吵，不要让孩子夹在中间为难

研究人员做了比较之后发现，那些小时候父母经常为钱吵架的大学生与那些父母从来不会为钱翻脸的大学生相比，前者欠 500 多美元信用卡的人数是后者的 3 倍之多。你和你的配偶会不会经常因为家庭开支的事情大声争吵？如果真发生这种事情，记得一定不要让你的孩子卷入激烈的争吵中，这一点非常重要。无论什么时候，你们夫妻两在孩子面前都要统一战线。最好的方

式是，你俩要商量钱的时候，就避开孩子。你可以这样告诉孩子：
"我们不知道怎样安排你和你的朋友参加音乐节活动的费用，
所以，我们需要讨论一下，一会儿告诉你结果。"

　　如果你和你的配偶经常因为钱财而动怒，你需要私下研究
一下，怎样才能找到一个解决办法。有研究发现，离婚家庭的
父母特别容易因为孩子的抚养问题和赡养费斤斤计较。比如说，
他们很容易把关心和付出的财务支持画上等号，让对方变成恶
人。如果你告诉你的儿子，他不能参加当地的足球联赛了，因
为你的前任配偶给孩子的赡养费迟迟不到位，而你自己又没钱
支付制服费，这会让孩子混淆对金钱的概念。那些不在一起生
活的父母发现，在金钱的问题上最好发出同一种声音，这对孩
子来说是有益的，但也是很难的。当孩子设法让你们（离婚或
没有离婚）中的一个对付另外一个时，千万不要尝试去扮演英
雄的角色。所以，父母之间一定要尽最大可能达成一致，让每
个决定都是双方共同做出的。

第9条　如果你只给孩子钱，不要指望他有什么理财技巧

　　丹尼尔和曼蒂是一对非常尽职尽责的父母。当他们的三个
儿子上小学时，他们每天晚上都会检查孩子的作业；即使孩子们
上了中学，这对父母也不让孩子们做任何家务，就为了让他们
能安心学习。在孩子们上大学之前，他们给每个孩子一张信用卡，
来支付各种费用。他们的大儿子毕业后就搬回家里住，每天只

知道看 HBO 频道，《黑道家族》一集都不落下。有一天，当大儿子问他妈妈是否可以帮他洗 T 恤衫时，曼蒂再也忍受不了了。"我要疯了！你都是成年人了，你下个月就给我搬出去住。"她大吼道。曼蒂后来为自己的行为感到不安，丹尼尔安慰她说，他们的儿子的确需要这种"强势的爱"。

作为家长，你或许也会同情曼蒂和丹尼尔，但问题是，他们也有错。如果没有多年的理财实践做基础，就直接断了孩子的财务来源，这就跟把他们扔到异国他乡没有什么区别，在那个环境里，他根本不懂得当地的语言、风俗习惯，甚至法律。在父母给孩子的各种关爱中，重要的是要帮孩子循序渐进地培养各种成长技能，而不是直接从 0 数到 60 那么简单。

第 10 条 分享谈话

研究显示，通常情况下，孩子们会问他们的妈妈关于财务的问题。我个人曾经观察到，那些在事业上非常成功的超级精明的妈妈们遇到这个问题时，也会直接把话题推到孩子爸爸那里。很有可能她们刚刚忙碌了一天，或者满脑子都还是工作、生病的宠物，或者出现故障的油烟机，无暇顾及孩子的这些问题。但是如果把此类话题直接推给爸爸成为固定模式，就会给孩子传递一个信号——财务问题是男人的事情。好吧，但是我不这样认为。

无论你的家庭格局如何，是夫妻和睦，还是单亲家庭，或者两位母亲，抑或两位父亲，或者两位父母和两位继父母，所有人都要非常积极地参与到关于金钱的谈话互动里。千万不要说"你的妈妈更擅长理财"，或者"全家数你爸最有理财头脑"。你最好这样说："我对这个事情不太确定，我一会儿来告诉你。"然后你去寻找答案。你一定要真的去咨询这个问题，然后把答案呈现在孩子面前。

第 11 条　不要创造一条关于金钱的鸿沟

尽管已经有很多书籍讲述了横亘在男孩和女孩之间的"数学鸿沟"，但一定还有一个"金钱鸿沟"。父母常常是造成这个问题的部分原因。在数不胜数的研究和调查中，孩子们总会说，父母跟男孩子谈钱的次数远远多于跟女孩子谈钱的次数，尤其是关于投资的话题。结果如何呢？男孩子经常表现得对金钱更加自信，而且父母也认为他们的儿子比女儿更懂得一美元的价值。尽管你的女儿有可能一直很超前，赚钱能力与男孩子不相上下，但是女人仍然比男人赚钱要少，退休时退休金账户上的钱也比男人要少，所以女孩子更应该知道，越早越深入了解金钱的道理越好。最根本的底线是：男孩子和女孩子一样，都应该知道理财的知识。

第 12 条　不要老想着和左邻右舍比排场（更不用攀比卡戴珊家族了）

与他人做比较是人之常情，我们的确也是这样做的。即使生活在消费至上、及时行乐、爱赶潮流的环境里也没用。不管怎样，你一定要压制你与其他家庭攀比花销的想法。这听起来容易，但实际上我们一比较起朋友或邻居的选择时，就按捺不住内心的烦躁，去评判别人的生活，或者质疑自己的决策是否正确。你可能认为，攒钱带全家去尼泊尔徒步远胜过修缮旧厨房，毕竟陈旧的厨房台面和破损的地砖还可以再忍一年。而你的邻居宁可把钱挥霍在地下室游戏房里，也不愿走到镇上游泳池之外的地方。哎，这真是完全不同的生活方式。

不要对别人的家庭消费习惯或价值观妄加揣测，或者盲目下结论，尤其是在孩子听得见的范围之内。这不仅让你给孩子树立了很糟糕的榜样，而且研究显示，经常与我们的朋友攀比消费习惯，会让我们更加不快乐。人们选择花钱的方式都是非常个性化的。如果你不想让你的孩子与朋友和邻居攀比，首先自己要做好这方面的榜样。

第 13 条 选择恰当的时间和地点

面对孩子，尤其是十几岁的孩子，你很难圈住他们，听你长篇大论娓娓道来，所以把理财课贯穿到日常生活中显得格外重要。

你儿子有没有从奶奶那里得到一张支票？这就是最好的机会，把他带到银行，申请之前跟他解释过的存款账户、开户，并帮他把钱存进去。你还可以借此机会向他解释什么是利率，并让他了解存单和普通存款等不同选择。

你是否想买一部新的笔记本电脑？让你的孩子帮你去商店里询价（或者，你可以让他研究一下，当地电子用品商场里的价格与网上促销的价格之间的差距）。当你买一个大物件时，比如买车的时候，让你的孩子陪你一起去经销商那里，还可以提高一下孩子的谈判技巧。

第 14 条　不要在孩子面前讲述你不好的理财习惯

当谈起钱的时候，我们很容易陷进"言而不实"的圈套。你一定要尽可能自律。在培养孩子的理财习惯时，你不一定非得是理财天才，但是也没有必要在孩子面前强化你糟糕的理财习惯。当你挎着满胳膊的梅西百货的购物袋，跟女儿谈一堆信用卡欠款记录时，她绝对不会觉得好笑，而会觉得超级讽刺。所以，一定要小心谨慎，尽你所能管理好你的财务生活，这会给孩子们传递一种强有力的正面信息。

◁·· 关于金钱不需要给孩子讲的 7 件事

有些人认为可以给孩子全盘灌输所有的金钱话题。我不这么认为。在给孩子讲钱的时候，我认为有些话题对特别小的孩子来说尤其不适合，他们还没有准备好理解它，坦白地说，有些事情孩子不需要知道。在某些情况下，这是非常实用的决定。比如说，如果你告诉孩子你的薪水，那就准备好应付孩子抛过来的各种问题，比如为什么他不能去沙滩度假，或者看电影时能不能买 8 美元一袋的爆米花，等等。而且你得做好心理准备，他极有可能会把你的薪水情况告诉他的朋友。

作为父母，需要注意的重点是，你有权利（或者有些观点认为是有责任）告诉他："这是爸爸和妈妈的隐私，这并不是说我们想向你隐瞒一个大秘密，这是父母目前还不能和你分享的信息，等你再长大点儿就会告诉你。"以下是几条孩子们不需要知道的信息：

第 1 条　你的薪水

无论你一年赚 5 万美元、15 万美元，还是 50 万美元，你都没有必要让孩子知道。这并不是说，你不能给孩子任何相关信息。比如说，你可以告诉他，在美国一个中等（意味着绝对中间收入的）家庭的年收入大约是 6.5 万美元，然后让他对比这个数字知道你所处的位置就可以了。这些数字对孩子来说可能意味着很多，或者很少，这完全取决于他们的年龄，以及他们对消费水平的理解。这或许可以成为你和孩子讨论存款与花费的开始。

第 2 条　爸爸、妈妈谁赚得更多

如果夫妻二人都在职场打拼，不要讨论谁赚得更多。尤其是对年幼的孩子来说，如果在爸爸或妈妈的标签上加上收入数字，他们会误以为其中一位的贡献远远大于另一位的付出，或者显得更加重要。如果收入数字的区别不重要，那为什么还要和孩子分享呢？当然，许多十几岁的孩子会了解，比如说，公

司法务的薪酬比学校老师多。如果你的孩子问为什么你当公务员赚得比当银行职员的配偶少时，这就是你向孩子解释你或者你们夫妇选择工作时所考虑的精神回报与心理平衡因素的极好机会，这些决定了你选择什么样的生活。如果你们夫妻其中一位全职在家照看孩子，另外一位赚钱养家，那就可以借此机会讨论在家照顾孩子的价值，也让孩子了解照料家庭也是一份工作。总之，无论谈话的细节是什么，最完美的结果就是给孩子呈现出父母之间的统一战线：我们是一个团队，我们共同努力，所以不要计较谁赚得多，谁赚得少。

第 3 条　退休金的数额

在我 10 岁的时候，我的邻居苏珊告诉我，她的父母在退休金账户上存了上百万美元。我的第一直觉是，她是个骗子。毕竟我从来没听说谁有上百万美元。不管这是真是假，让我知道这个信息或者假信息都不好。你的退休金、保险计划、储蓄或者投资，这些都是你个人的事情，你的孩子目前还没有能力去理解，这些钱是你现在能支配的钱财，而且即使你现在开始取钱的话，（如果幸运的话）也得花好长时间才能领完。

第 4 条　亲戚在理财上的坏习惯

所有的家庭成员都有他们不同的性格。事实证明，很多家庭不和都是金钱引起的。但是这样的讨论让孩子听到十分不好。你可爱但不负责任的弟弟欠了你1 000美元，他不仅没有信守承诺还钱，还要跑去阿鲁巴旅游，这的确令人恼火。但是如果你在孩子面前提到这些，他不仅会因为叔叔的做法而瞧不起叔叔，而且即使叔叔还钱了，他也会记恨很久——因为之后你很可能没提起弟弟还钱的事情。如果你想要用朋友或家庭成员借钱而不还的糟糕经历给孩子上一课，那就杜撰一个陌生人的故事（或者简单改下名字即可）。

第 5 条　聘请保姆、阿姨、导师的费用

查娜常常聊起当她告诉孩子们花多少钱聘请孩子们挚爱的保姆珍妮弗（她的确是孩子们的一个惊喜）时，孩子脸上那种诧异的表情。他们一直以为，珍妮弗给她妈妈钱，陪他们一起玩耍。你最好能尽早告诉孩子们，保姆和其他的职业一样，也是一份工作（也是我雇用的最重要的人）。但是，你没有必要告诉孩子们你付给保姆多少钱。一旦孩子知道保姆的工资，他们就会利用关于保姆信息的优势，这是你不愿意看到的发生在保姆身上的事情，因为当父母不在家的时候，保姆本应像老板一样控制局面。你最不愿意看到的还有一点，就是这会剥夺保姆照看孩子时的权威性。

第 6 条　用于礼品的花费

如果你每次给孩子买礼物都告诉她花了多少钱，那么这种送礼物的快乐就会立马大打折扣，无论这礼物是送给儿子的还是女儿的，或者给某个朋友的。首先也是最重要的一点，礼物的价值

并不在于它的价格。毕竟世界上有些最美好的礼物，比如和爸爸一起做比萨，或者和妈妈一起搭沙发堡垒都是免费而无价的。但是在一些礼尚往来的环境里，你会遇到孩子大失所望的情形，这个时候恰好可以给孩子解释关于金钱和馈赠的意义。记住，有些时候，孩子并不像我们想象的那样一无所知，他们需要知道真相。我朋友 10 岁大的侄子有次过生日时号啕大哭，因为他注意到，他那年得到的礼物比往年少很多。他的妈妈不得不解释说，因为他长大了，他想要的礼物更贵了，所以有些亲戚送给他喜欢的平板电脑，而不是像他小时候那样送他一堆不值钱的小玩意儿。

第 7 条 上大学的花费

如果你跟大多数家长一样，为孩子上大学的高额花费而担忧，你会在第九章了解到，为什么在孩子上高中时讨论未来的大学生活很重要，但是有针对性的谈话和发散式的担忧大不相同。你不要总是讨论大学学费昂贵，或者你要支付这么高的学费压力有多大等负面话题。即使我们泛泛地谈起大学学费，我们的长吁短叹也很容易被孩子误解，他们一定认为大学的负担很重，以至于他们不愿让你去承受这种压力。当然，你也不能开空头支票，如果你不确定能够承担学费的话，就不要承诺：无论孩子出现什么情况你都会承担他的学费。但是你也应该跟孩子讲，大学或者类似的高等教育对于他们而言都是重中之重，你真的很愿意攒钱，为他们争取更美好的未来。

第 二 章

学会攒钱

Make
Your Kid A Money
Genius

在著名的棉花糖实验面前，即使是最轻松的父母，也会感到疲惫不堪。你或许也听说过这个实验：研究人员给每个小孩子分一块棉花糖，并且告诉他们，如果他们不立刻吃掉这块棉花糖，他们还会得到第二块。研究人员躲在双向反光镜后面观察孩子们的表现，有的孩子一口就把棉花糖吃掉了，而另一些孩子表现出难得的自我控制力，就在那里静静地等待着。这个实验最令人称道的地方就是，研究人员跟踪观察这群孩子几十年后发现，那些等待第二块棉花糖的孩子都成了表现非凡的成功人士。他们拥有更加融洽的社会关系，获得了更高层次的教育，甚至在美国高考（SAT）测试中获得了超乎想象的 2 100 分的高分。

听到这里，或许你也按捺不住冲动，想要跑到附近的便利店去买一袋棉花糖回家测试你的孩子，又或者将整个身体蜷缩成球，用外套把自己的脑袋包起来，把脸深深地埋进去，担心你的（有点）冲动的孩子会是个经不住诱惑的人。

但是我们要严肃对待这件事情。如果一个 5 岁的孩子等不及把甜甜的诱人的棉花糖吃了怎么办？更重要的是（至少对本书的读者而言），这跟攒钱有什么关系？

实际上，有很大的关系。研究发现，那些自我控制力很强的人往往能攒更多的钱。宾夕法尼亚大学的一项研究指出，他们对 50 岁以上的夫妇进行人格测试，那些敢于坚持长期目标的人比普通的家庭能多攒 20 万美元。

那些愿意延迟享受的人也善于攒钱，这当然并不那么令人感到吃惊。把钱存进某个账户，克制购买的冲动，朝着伟大目标努力的能力与抵制住不吃如此诱人的棉花糖的能力不相上下。

所以，尽管这些结果听起来没有那么骇人听闻，如果有人感到紧张，这里也有一剂安慰：你可以教你的孩子学会等待，学会延迟享受。尽管这个事实和 YouTube 上孩子们把棉花糖塞进嘴里的搞笑视频不一样，但这个事实是真的。你只需要掌握一些简单的小技巧。

幸运的是，学会等待并不意味着你的孩子要自我否定。事实上，大部分的孩子都想要新物件。这是真的，而且也是正常的——无论是第二块棉花糖，一部新手机，还是一辆车。你的职责是，不要给他们买任何这些物品，实事求是地回绝他们，这也是尽可能拒绝购买的方式，而且帮助他们学会等待，学会攒钱，习惯用自己的钱去买这些东西。

引导你的孩子关注长期的回报，做起来比听起来要容易得多。我将根据孩子的不同年龄，提供给你适宜的方法，鼓励孩子们去攒钱，无论这是否符合他们的天性。我还会告诉你一些更精明地省钱的小技巧。

作为父母，你也需要学会等待，至少在你的期望方面。孩子们在一天天长大，发生变化。正是因为你刚上一年级的"小豆包"是那种活在当下的类型，坦白地讲，这是孩子身上或者大学男友身上充满魅力的一种特质，随着你的孩子成长，你更应该帮助他，让他变得更善于等待，变得更优秀。科学家推测，我们的攒钱能力只有 1/3 的因素取决于我们的基因。也就是说，你的孩子只有 1/3 的攒钱行为是受他的 DNA 所控制的，这真是一件幸事，那么他更大的潜能就需要通过你的教育来激发。所以，我们要努力让他变得更优秀。

培养孩子学会等待、攒钱的 6 个技巧

这不是要让你的孩子变成苦行僧，拒绝所有的物质生活。他甚至都不需要做到过度自律。他只是需要知道，有些技巧有助于

避免挥霍掉他的金钱，而且帮他攒足够的钱，去买他梦寐以求的东西。下面的这 6 个技巧受沃尔特·米歇尔（Walter Mischel）的研究启发，正是这位米歇尔教授和其他几位专家几十年前进行了棉花糖实验。

1. 给自己打预防针

在你前往一个充满诱惑力的地方之前，准备做一个游戏。对小孩子来说，你可以把计划做得简单些。当你准备进入商店前，你可以说："今天我们要给你的哥哥买内衣，就只买这些。如果你看到你想买的东西，要记得提醒自己，我们今天不买其他东西。"你还可以补充说，你自己也会这样做。让孩子知道应该期待什么，并且知道如何处理这种期待，这会帮助孩子抵制住购买其他物品的冲动（或者避免孩子出现暴躁的情绪）。提前预演孩子看到糖果或者玩具后的反应，你的孩子会（信心满满地）抵制住这样的诱惑。

2. 想想明天

当你排队付款时看到一大袋诱人的薯片，这时你绝对不会觉得攒钱是多酷的事情。但是，如果考虑到不攒钱带来的长期负面后果，就可能会有超乎寻常的效果。"如果我今天花钱买了一大袋薯片，那我得花更长时间攒够钱买乐高玩具，乐高玩具才是我真正想要的。"当你的孩子在犹豫不决的时候，适时地去宽慰他，告诉他要想得到钟爱的东西需要时间，这个等待过程并不容易，并给他讲一个你亲身经历的例子，你也曾经为心爱的事物付出时间。当他真的抵挡住眼前的诱惑时，要给予他鼓励。

3. 分散注意力

你的孩子在商店收银处排队时使出撒手锏，他一个劲儿地在众人面前嚷嚷："如果你不给我买糖我就去死，你必须给我买糖，给我买，快给我买，我要吃糖，我要吃糖。"这时候准备好给他讲故事，或者讲个笑话，或者给他看手机上超级搞怪的猫咪，或者疯狂的公鸡视频，或者跟他分享一个特别的秘密，但前提是，他必须发誓不能出声。一旦你们走出商店，告诉他尽管他非常渴望买糖，但是他最终没有买，他的忍耐力是非常值得表扬和佩服的。哪怕他这时的态度还可能有些粗暴，但他会意识到，分散注意力有助于他遏制心里的欲望。

4. 充分发挥想象力

这一点听起来有些离奇，但是真的很奏效。鼓励你的孩子想象一下，什么是他曾经遇到过的吸引他的东西，也可能不是真实的，这些图像或者照片可以在他的大脑里形成一个"定格"。事实证明，在棉花糖实验中，大部分能成功延迟满足的受试者都能轻而易举地做到这一点。这对你的孩子来说可能有些抽象，但有些人能够理解其中的意思。还有一个策略是，假设他想要吃的东西上面有蚂蚁或者小虫子。在商店里，如果孩子看到他喜欢的玩具碎了，或者裂纹了，或者他想吃的糖是辣味的，或者有只小虫在上面，这也能起到遏制他的欲望的效果。

5. 习惯对你大有帮助

让攒钱变成自发的习惯。时刻牢记这条信息："只要我得到任何钱——无论是我自己赚的，还是别人送给我的，我都会直接把它存到储蓄罐里。"不要总是依赖个人意愿，有时候这是很难实行的。实际上，我们可以把这个过程变成一种习惯，当然也要设计一些有趣的说法。我们周五放学后买冰激凌，这样周三就不用要求买糖了，因为即使提出要求家长也不会同意。也就是说，我们只在周五买零食。这样我们平时就可以把其余的钱攒起来，留到以后买更昂贵的物品。

6. 提问"什么是聪明的小孩应该做的？"

有时候这个问题会让孩子从他当时想买东西的情绪中跳脱出来，询问其他人会怎么做。让他自己决定，他要参照的这个人是谁，可能是他同学，或者是他最喜欢的动漫人物，或者只是他臆想中的聪明小孩。孩子们喜欢给别人建议，这种方式可以让他们更安静地思考他们的选择，而不是表现得很冲动。

☾·· 幼儿园时期：让孩子学会等待并参与攒钱

研究显示，即使是 6 个月大的孩子，也能学习一些帮助他们发展基本自控能力、让他们自己冷静下来的方法，例如，吸吮手指。到 3 岁的时候，孩子们甚至能够平复内心的冲动，这些冲动发作起来可能会让他们变得不可理喻。父母请重点关注以下的内容，帮助你蹒跚学步的孩子培养从小攒钱的习惯。

等待是值得的。我们都知道，等待会令人不适，无论是堵车，或是在儿科候诊室消磨时间，还是在商店里排队都是如此。对孩子来说，等待更是难以忍受。但是，他们不得不这么做。也就是说，让你的孩子知道，马路上设置红绿灯是非常必要的。通常情况下，我们等待的时候，的确是在等待我们梦寐以求的东西：去我们想去的地方，或者购买我们之前心仪的物品。所以，如果你可以的话，要告诉孩子等待的好处。在操场上，当你的孩子排队等荡秋千时，你可以向他解释民主制度是多么重要："你必须要等着轮到你的时候才可以荡秋千，你看那个小男孩要等你荡完他才能玩。"你也可以跟孩子讲，如果你们分散等待期间的注意力，这会让你们等待的时间过得快一些。（"想想 1~10 之间的数"就是个不错的方法。）你可以谈论稍微远期的目标，比如如何过生日或者如何度过假期，等这一天的到来是多么让人期待啊。为了打发掉这段无聊的时间，你可以跟孩子讨论生日宴会怎么安排，邀请谁来参加，你们玩什么游戏，生日会的主题是什么。当生日到来的时候，一定要记得强调等待这一天是多么值得。

把你的钱存在安全的地方。对于特别小的孩子来说，硬币易被误吞，钞票又容易因为好玩而被撕掉。到 3 岁的时候，孩子应该有一个基本的概念：钱是有价值的。我认识的一位早熟的孩子的父母告诉我，在上学之前，他们的女儿就开始要"绿色的钱"（指美元钞票），而不是"金属的钱"（指硬币），因为她知道"绿色的钱"比"金属的钱"更值钱。

一定不要让孩子把他的硬币或者钞票扔得满屋子都是。事实证明，下面这个方法十分有效：找三个罐子，让孩子在罐子上做标签，其中一个是未来要买的东西，一个是现在要买的东西，还有一个是与需要帮助的人分享的东西。用不透明的容器比较好，这样可以阻止孩子时不时地想把钱从里面拿出来。可以考虑找一个储蓄罐、一个咖啡罐，还要找一个专门的信封放到抽屉里，或者保险箱里。（孩子们特别喜欢保险箱！）你不需要干涉孩子怎么分配他的私房钱——可能每个种类放三分之一，或者其他的搭配方式，因为在他们这个年龄，分配更多是象征性的，而没有什么规律可循。真正的问题是，确保你的孩子坚持不断地攒钱，不断地把手头的钱存起来——无论是从爷爷那里得来的压岁钱，还是从地上捡到的硬币，或者从你那里得到的生日礼物。

参与家庭攒钱计划。建立一个家庭储钱罐，这样你就和你的孩子共同参与这个存钱项目，你可以利用身边的例子，解释储蓄的重要性，而不是说教。最好在起居室、厨房或者其他什么地方找个鞋盒或者饼干盒，把盒子放在显眼的地方，然后邀请全家人往里面存钱。确定一个容易实现而且吸引孩子的目标，比如比萨饼职业体验，或者去水上公园的旅行。当然，上学前班的孩子只能贡献很少的零花钱，或者他在沙发垫子之间发现的硬币。数量多少并不重要，重要的是，你提出有关攒钱的创意，并把储蓄作为时常挂在嘴边的话题："嗨，这些是我从商店里换来的零钱，现在我都放到盒子里。"到了可以赎回家庭收益的时候，让你的孩子帮你一起数数里面攒了多少钱，是不是够买比萨饼上奢侈复杂的配料，或者水上公园的冰激凌。

不要帮你的孩子插队。有一次我在机场卫生间排队的时候，无意中听到有位母亲对她很小的孩子说："这就是生活，有时候你必须要等待。"尽管这是很简单的信息，但是意义非常重大。如果你想让孩子学会等待，首先你自己要有耐心。如果你逃避规则，你的孩子也不会冷静地待在原地学会等待，这是很不好的，无论是你替孩子排荡秋千的长队而让他去玩跷跷板，还是你带他在商店里直接插队都是不可取的。你是不是想以此来获得最勇敢父母奖？据说有些父母为了让孩子在迪士尼乐园里早点玩过山车，雇用身体残疾的导游带他们身体健康的孩子排在队伍前面。后来这种伎俩被迪士尼的工作人员发现，不得不改变了接待残疾游客的方式。当然了，这是做得有些过分的例子。

但是，即使是最正直的父母，也可能因为太宠溺自己的孩子而被蒙蔽了双眼，试图在小事情上改变游戏规则。这么做，不仅让你的孩子觉得欺骗是没有错的，而且最终的结果是，你的孩子无法管理好自己。

为孩子解释数字和硬币。我的儿子在上幼儿园的时候，我们和邻居家的双胞胎约好一起游玩。我非常吃惊地发现，邻居家的孩子竟然能清楚地区别出 1 分钱、5 分镍币、10 分硬币和 2.5 分的硬币。这让我觉得惭愧不已，我还是一位专职理财作家，我都从来没有教我的孩子识别不同面值的硬币。曾经有一项针对 5 个月大的孩子进行的测试显示，这么小的孩子对数字都是有感觉的，这有助于他们理解和认识金钱。如果你把两个玩具放到孩子眼前，当你把帘子放下来只露出其中一个玩具的时候，他们会表现出吃惊的样子，就跟大人的反应一模一样。

当你想到这些的时候，你会意识到数字的游戏随处可见。你可以在洗完衣服后让孩子数袜子，或者让他们数数你放在购物车里的香蕉的数量，或者在逛公园时，让他数数池塘里的鸭子，这些都是很好的练习机会。对于稍微大点的幼儿园小朋友，你可以重现商店的场景，利用硬币或者钞票让孩子试着"买"东西。可能开始的时候需要你帮他们数钱，但是动作不要太快，让他们自己去数。这是让他们自己学会解决数字问题的很好的练习机会。一定要多次重复数数的活动，或许你会感到很无聊，但是重复练习是学习过程中非常基础而重要的环节。

跟进反馈非常重要。这里有很多创新的方式激励孩子成为优秀的储户，但是如果你作为父母不能信守承诺，这些方法就没有任何用处。当然了，人无完人，如果你承诺做什么事情，你一定要说到做到，不仅仅是因为那么做是正确的，更重要的是，这会在你和孩子之间建立起信任，让他觉得自信，知道如果今天攒钱了，未来他会得到他想要的东西。

罗切斯特大学曾经组织过一项令人印象深刻的研究，证实了这点的重要性。孩子们被分成了两组，每组 14 个。每组孩子都分到了一些用过的有些断损的蜡笔，有个测试人员告知孩子们，她出去几分钟取点完整的蜡笔回来。在第一组，这个成年人及时回来了，还带回来非常漂亮的钢笔和蜡笔；在第二组，这个成年人回来时并没有带回新材料，只给孩子们解释了为什么没有带回新彩笔。在随后的测试里，这个成年人重复了刚才的过程，这次她说带回来更大更漂亮的贴画。第一组的孩子的确如愿以偿得到了大贴画，但是第二组得到的是小贴画。最后，孩子们参加了棉花糖测试。有趣的是，一个清晰的对比出现了：因为这位成年人"值得信赖"，第一组的孩子更好地表现出了延迟满足的意愿。在第一组里，14 个孩子中有 9 个孩子为了吃到第二颗棉花糖等了 15 分钟。而第二组因为成年人"不值得信任"，只有 1 个孩子等了 15 分钟。你明白了吧？父母不信守承诺会彻底击垮孩子的内在动力。

不吃糖果的人：
关于攒钱和积少成多的故事

哈罗德生活在 20 世纪 30 年代，那时候很多家庭都没多少钱，生活很拮据，他的生活更为艰难。在经济大萧条时期，哈罗德父亲的杂货店倒闭了，陷入了深深的财务危机里，哈罗德的母亲靠给人做衣服来养活四个孩子。

那时的哈罗德只有 10 岁，他就决定靠自己在当地的糖果店打零工来贴补家庭的收入，那也算不上是什么工作。那时候，几乎没有人家里会安装电话，整个社区共用糖果店的电话。每天放学后，他就坐在电话旁，等着接电话。每次他帮人接电话就会得到几分钱或 10 分镍币。每周结束的时候，他就非常自豪地把这些零用钱交给母亲以贴补家用。

尽管哈罗德每天在糖果店的时间很长，但是他从来没有用那些钱去买过一块糖，从来没有过。他知道，这些额外的钱能够缓解家境贫困的紧张气氛，这对他也是一种激励。

许多年过去了，哈罗德 17 岁时，遇到了他的挚爱雪莉，一个 16 岁的姑娘，几年之后他们就结婚了。雪莉曾经是个化学老师，而哈罗德从历史系老师一步步晋升到初中学校的校长。他们生了两个男孩，一个女孩，还通过按揭贷款买了房子，后来雪莉决定辞掉工作，专心在家照顾孩子。

有一天哈罗德听到了一个全新的退休计划，他可以把一半的收入——当时他的收入是每年大约 3 万美元，存进一个养老账户，支取时不需要缴任何税。

当他把这个消息告诉他的妻子时，雪莉有些焦虑。"哈罗德，这是不可以的。我们不可能每年只花 15 000 美元养三个孩子。"

"雪莉，如果我们不这样做，我们以后更养不起。"

最终哈罗德赢了这场辩论。现在，这对夫妻都已经 80 多岁了，幸福地享用他们的退休金，没有任何压力和担忧。

我是怎样听说这个故事的呢？因为，哈罗德和雪莉就是我的父亲和母亲。我父亲与生俱来的技能，也是我母亲很快就能接受他做法的禀赋，就是延迟满足的能力。他知道，通过这种节俭的生活，才能在未来收入水平降低的情形下，保证他自己和他的妻子能够享有健康的退休生活，安度晚年。这不仅仅使他们自身从中受益，而且因为他们很早开始存钱，他和我母亲在晚年时才能够不需要依赖孩子们，包括我的哥哥和我。

小学时期：培养孩子攒钱的习惯

研究发现，孩子到 7 岁的时候可以关注自己的目标，而且愿意采取某种措施来实现这一目标。大部分的孩子不只是在意金钱，他们也在赚钱（好吧，我的确说的是"赚钱"），无论是直接拿到零花钱，还是通过做家务活赚钱。以下的几种方法可以帮他们在攒钱的道路上越走越远。

采用经验法则，并持之以恒。"每得到 1 美元要存 0.25 美元"是我喜欢的方法，而且也非常容易操作。如果你的孩子擅长数学，那就用比例来解释这个道理（每挣 4 美元，存 1 美元）或者用百分数来表示（1 美元的 25% 就是 25 美分）。经验法则比其他复杂的解释或者数学公式要有效得多。就好像你培养孩子的其他必要习惯，比如刷牙或者系安全带一样，你要让孩子把攒钱的习惯变成自发的行为。

思考下"机会成本"。我认识的一个妈妈在每天接儿子放学时，都会给他买一块钱的零食，通常是在商店里买一小包立体脆。

但她儿子真正想要的是一套 15 美元的玩具飞机，所以他们两人达成共识，接下来的两周时间，她儿子不买零食，而改吃她在家做的夹花生酱的小蛋糕。尽管她自己当时没有意识到，但她的确在传授给孩子一门重要的学问，通过亲身实践解释了关于机会成本的概念——我们为了做其他事情而放弃的当下的机会即为"机会成本"。你可以把我的立体脆零食的例子讲给孩子听："如果我每天花 1 美元买立体脆，我就不能用这 1 美元去买其他更好的东西。这就是机会成本。"

银行或信用联合账户是最安全的存钱方式。当你的孩子上幼儿园时，他可能把钱存在存钱罐里，但是现在他已经长大一点了，可以把钱存到适合孩子的银行账户里。对孩子而言，联邦保险银行的储蓄账户是最安全的积累闲钱的方式。大部分银行和信用联合体提供联邦保险，或者通过联邦存款保险公司，或者通过美国全国信贷联合会管理局。根据法律规定，每个银行柜台窗口都必须有这样的标志说明这点。当你去银行的时候，你要指着标志给孩子解释，当他未来需要钱的时候，他的钱都存在这里。

你可以借此机会给他讲讲美国简史：联邦存款保险公司成立于 1933 年，那时候是美国的经济大萧条时期，当时很多人都失业了，很多公司都破产倒闭了。银行也关门停业，很多客户损失了他们在银行的存款。为了不让更多人损失他们的存款，美国政府创建了联邦存款保险公司，这家公司一直存续到现在。这家机构保证，如果你存款的银行破产了，政府依然会补偿你，最高可补偿 25 万美元。（鉴于你的孩子一时半会儿还存不到这么大额的钱，除非你把她培养成一个小小的硅谷企业家，所以你也不用担心钱没了。）

在你去银行之前，你可以叫上善于跟孩子沟通的朋友一起去。我第一次没有这么做。那时，我 8 岁的儿子把钱存到银行以后，他问柜员，他的 43 美元去哪里了，柜员冷漠地指了指存折上的存款数字，说存到银行了。这对一个二年级的孩子来说，根本无法理解。最后没有办法，我请求银行接待员带我的儿子见识了保险箱之后，他才满意地认为他的钱放到了安全的地方。

利息是"免费赚得的"金钱。要说服你的孩子把钱存到银行里，可以向他们解释银行的两大优势：银行可以安全地保存你的钱（还记得保险箱吧？），而且他们还给你支付利息，这就意味着，如果你把钱存到银行，他们会支付你一点儿额外的钱。当然了，在最近几年，银行存款利息只有很低的 1%。（早在 20 世纪 80 年代，存款年化利率能达到两位数，尽管近期内不可能恢复到这么高的水平，但是利率水平或许还能上升一点。）即便如此，你也可以现在就讲解这些基本概念。毕竟按照 1% 的年化利率来算，一年存 100 美元就可以额外赚到 1 美元，而且这 1 美元是免费得来的，这对小学生来说还是很有吸引力的。

设置一个配比机制。既然存在银行的钱可以得到一小笔利息，如果你愿意的话，可以给你孩子设置一定的配比机制，鼓励他存钱。对成年人来说，配比机制中把钱存入保险基金是个很大的激励，这也同样适用于孩子。假设你的孩子存了 1 美元，你可以配给他 50 美分，如果可以的话，也可以按照 1：1 的比例配比。但是，如果你不想一个月的支出超出某个数额，你一定要记得设计封顶数额。曾经有人告诉我他朋友的经历，本来好心要引导孩子理财，并帮孩子申请了存款账户。但是银行 0.3% 的利息实在少得可怜，无法吸引他儿子去存钱。于是，这位爸爸就提出一个方案："只要你存 1 美元，我就支付你 5% 的利息。"几个月过去了，这个人又遇上这位爸爸，问他事情进展如何。"太恐怖了！"这位爸爸感叹说，"我儿子把他赚到的每一美元都存了起来，我只能勉强付得起利息了。"

不要动用孩子的存钱罐。这个道理听起来很简单，但是的确值得强调。有个朋友的先生手头紧张的时候，习惯性地溜到孩子们的卧室，挪用孩子们的存款。在孩子们没有发现之前，他会在一两天后补上差额。但有一次他忘记还钱了。有一天他女儿要拿钱去买冰激凌，突然失声尖叫起来，大声嚷着说自己被抢劫了。当然了，我们时不时因为忘记取钱，会蹑手蹑脚地溜进小孩子的房间取点零花钱。实际上，根据调查显示，1/3 的父母承认曾经动用过孩子的存钱罐。问题来了，如果你被逮了个现行，那么你很难再传授给孩子那些应该掌握的理财道理：存钱是值得的，存钱罐是最安全的地方。父母们经常打电话谈论全家的花费如何如何，所以让孩子知道他的钱的确是他自己的，这一点尤为重要。这会让他感觉到独立，而且长大了。不要再从孩子那里拿钱了。

当然，平时总是会碰到结算比萨外卖时，手头上唯一的零钱就是孩子攒的零花钱的情况。那也没关系，使用的时候一定要征求孩子的意见，并确定第二天就要把钱还给孩子，而且还要为你的"借款"支付 1 美元作为利息。

零花钱的 5C 标准

"我们搞不定零花钱。"

这是当我问起零花钱的问题时，大部分父母怯生生的回答，答案都差不多是这个意思。他们承认，他们没有什么比较有效的零花钱管理办法，还担心因为这个问题处理不好，会成为孩子心中可恨的父母。"我们从新年开始定期给孩子零花钱，刚开始的四周非常顺利。"三个孩子的母亲凯西对我说，"但是后来，我们忘记定期给孩子钱了，这突然之间就到了 6 月份，没人记得清之前的承诺了。"

现在让我来解救你吧，无论你是否给孩子零花钱都没有关系。这是我在整理了关于零花钱的 20 多个学术研究后总结出来的观点。你会发现，关于零花钱的论述铺天盖地。举例来说，有个加拿大的研究表明，那些有零花钱的孩子比没有零花钱的孩子更清楚地了解信用卡的用途和价格的意义。但是根据英国的研究，那些有零花钱的孩子在攒钱方面，远不如那些靠打零工赚钱的孩子。我的观点是，接受那些教你精明理财的建议，遇到零花钱问题时，运用适合孩子的个性的即可。

也就是说，我相信给孩子零花钱是好事，可以让孩子真正地感受钱在现实社会的用处，但是你只要按照我提出的规则做就好。如果你真的给孩子零花钱，没必要通过与日俱增的理财网站或者手机程序进行注册，有些可能是免费软件，有些通常需要支付费用。有些理财程序会嵌套促销广告，以积分、信用或者备忘录的方式提供在线"货币"，但这些"货币"只能兑换特定产品或在某些在线商城使用。我从来不信这些，因为通过这种方式，你的孩子并没有和真正的金钱打交道。如果你发现其中有一款产品特别适合你，那太棒了，但是，在零花钱这个重要的培养理财习惯的手段上，千万不能用这些产品来取代。

1. 要简单清楚（BE CLEAR）

让零花钱问题变得简单、实际，关键是让孩子从一开始就知道，什么钱是可以用的。每个家庭各不相同，但是你也要表达自己家的态度，以下是可供借鉴的基本方式。跟小孩子沟通，越简单越好：你负责买食物、衣服、日常必需品，包括朋友生日会的礼物，偶尔看场电影等。其他额外的东西，比如流行的发箍，看电影时吃的奶油糖，音乐播放器，这些都要他自己支付。孩子上初中以后，你还要负责添置大部分的日用品，而且你也要详细说明这些日用品包括哪些物品，比如，如果你给孩子买上学穿的 50 美元一件的牛仔服，孩子想要穿 100 美元一件的，那么差价就由他自己来补齐。到了高中阶段，你给孩子的资产支配力度要更大一些，比如给他更多的零花钱。但是他也要承担更大的责任，比如，他需要自己去买送给朋友的礼物，或者自己支付和朋友们一起出去聚餐的费用。大学则是截然不同的方式，请翻阅第九章的具体描述。无论你的决定是什么，一定要清楚明白地告诉孩子，这些决定不是随心所欲确定的，他的零花钱是全家预算的一部分。

2. 持之以恒（BE CONSISTENT）

实际上，你制定出正确的规则之外，你坚持执行你的决定比什么都重要。当然了，如果你每周在固定时间一吹口哨，孩子们就像冯·特拉普上校指挥的那样，站成整齐的一排等你发放零花钱，那简直太棒了。但是常常事与愿违，你总会不时地把发零花钱的事情抛到脑后，而且他们也会忘记问你要，相信我，你一定会遇到这种情况。当这种情形发生时，不需要把之前的零花钱政策全部作废，应及时回归常态，兑现你的承诺给孩子零花钱，以后开始用电子表格或者工作簿提醒你这个头等大事。

3. 给予控制（GIVE CONTROL）

如果你给孩子制定了一些消费的规矩，那很棒，比如不能买糖果、玩具枪，还有小孩子不能买唇膏，等等。但是通常来说，要给孩子自主权，让他们自由决定买自己想要的东西，尤其孩子进入初中以后更要如此。你最需要控制的事情就是给孩子多少零花钱。你最好了解下市场行情，所以要咨询身边的其他父母，通常给多少零花钱合适。目前的经验法则是，你每周应该给与孩子年龄相同的美元数目。有些父母听说每周给 10 岁孩子 10 美元零花钱，自己测算了一下后，认为每年要给他青春期的儿子或者女儿 520 美元很荒唐。如果这个数字超出你的预算，那也没关系。只要符合你的预算，那么这就是你全年让孩子花费在小玩意儿上的费用。只要给了孩子零花钱，你就赋予他充分的权利，让他自己决定如何花费这些钱。你可能认为这对于 10 岁的孩子来说责任太大，但是对有些父母来说，这也是观察孩子如何很快挥霍掉这些钱，而没有买到自己喜欢的东西的最好的方式。这就充分体现出第 2 条持之以恒的重要性了。

4. 使用现金（USE CASH）

研究发现，所有人刷信用卡或者使用其他的在线支付方式都会比直接付现金花得多，因为这种方式下的支付痛苦被延迟了。这也是为什么给孩子现金这么重要了。（当然了，你也需要存一点钱到他的音乐播放器或者其他在线零售端。）现在社会上开始风靡借记卡，但是在上大学之前我并不喜欢用借记卡。（在第四章我解释了其中的原因。）如果你听懂了，就告诉你的孩子，攒钱比全部花光重要得多。在很多关于零花钱的研究中，人们达成的一个共识是，我们设法给孩子讲清楚零花钱的道理比直接递给他们钞票更重要。

5. 不要为做家务付费（NO CHORES）

研究发现，让孩子做家务活十分有益，因为这会帮助孩子学会承担责任，而且知道帮助别人的重要性。但是，如果你因为孩子帮忙做家务而付费的话，就大错特错了。除非你打算每次让孩子清理洗碗机，或者让他把衣服放进洗衣篮，不然就避免对每一件家务活都付费。家务活应该是日常生活的一部分，你可以对超出孩子日常责任范围之外或者能力之上的工作付费，但是那是工作收入，而不是零花钱。而且，如果把零花钱和家务活或者其他期望的行为联系起来，会导致很大的问题。我见过太多父母无时无刻不在拿零花钱做杠杆，但孩子们的零花钱却又时不时地被父母无故抽水。"难道你不铺床？"砰！"那你的零花钱没了！"如果你的孩子认为不铺床，或者晚归只损失 10 美元的话，你自己心里怎么想？你是不是也意识到这么做的问题了。所以，通过其他的方式让孩子变得自律，千万不要把这些与零花钱联系在一起。

初中时期：养成攒钱的习惯

初中时期是让孩子养成攒钱习惯的关键时期。他们这个年龄能比小时候更好地理解钱的概念，而且他们又不像高中生，到时候他们闭起耳朵才不听你的说教，就知道向你伸手要钱。不仅如此，初学生还开始想要拥有一些贵重的东西，这就更需要攒钱而不是随便花钱。下面这些信息，更有助于帮你解决遇到的问题。

手头不能没有闲钱。 我知道这么说有点奇怪，但是我认为：当攒够钱买大件物品的时候——这也是本章的重点，你的孩子不能把最后一分钱也花在上面。如果购买自己的钟情之物会花光他所有的积蓄，那需要让他再等等，攒更多钱后再出手。也就是说，他还需要为攒钱而攒钱。这并不是说我很较真儿。事实上，你并不知道什么时候你的生活中需要现金，有时候真的需要买一件必需品，或者有时候需要买一个自己梦寐以求的东西，比如你最挚爱的乐队来城里了，你要买一张音乐会的票。如果你花光了所有的钱，你就没有任何选择的余地，更不用说留一部分钱随时应对不时之需了。

选择利息最高的最安全账户。带着你上初中的孩子去银行或者信用联合机构，询问有哪些超级安全的账户可以供你的孩子选择。尽管最近几年这类账户的利率水平非常低，那也没有关系。你的目的是要保护好孩子的钱，这才是这些账户的用途。

你也可以和你的孩子浏览几个网站，包括 Bankrate.com（银行利率网站），或者 DepositAccounts.com（存款账户网站），或者到附近的几家银行去询问，看看谁家提供的利率最高。即使两家银行提供的利率差别很小，那也是在教孩子选择和比较。一定要特别留意收费项目，因为大部分银行可能规定，银行存款低于某个数额时会收取一定的费用。比如一个孩子只存了 10 美元，结果发现他不但没有赚到利息，每月还要花掉一半的积蓄去交管理费，那这是再糟糕不过的事情了。一般本地或者地区性银行，比如信用联合机构（你或许可以加入 ASmarterChoice.org 或者 MyCreditUnion.gov）都倾向于设置最低存款额，有些会针对孩子要求特别低的数额，或者如果孩子的账户和你的账户绑定的话，会免除孩子的管理费。不幸的是，后期储蓄账户现在大部分都已经线上操作了，所以，你的孩子拿不到银行存取款记录的纸质存折，但只要存了钱，就可以让孩子在线上或者智能手机上看到他的存款余额。

不要用网上银行——除非你的孩子特别感兴趣。你咨询比较过几家网上银行就会发现，网上银行通常可以支付较高的利率，但是对于初中的孩子来说，与银行直接打交道或许显得更加重要。我的建议是，还是让孩子直接与钢筋水泥打造的实体银行直接打交道更好，让他亲手把钱交到柜员手上，或者存进 ATM 机里，让他自己亲身感受到参与了金融世界的活动。当他年长一些，如果他发现网上操作的利率更高，他可以在网上银行申请一个账户。这是你需要和孩子一起去感受和体验的事情。如果他现在就能够接受这种完全数字化的虚拟储蓄账户的体验，你可以直接跳过高中部分的内容，开始阅读网上银行的操作。

三个超级安全的存款账户

第 1 个 储蓄账户

最简单的方式就是把钱存在银行里，从中赚一点利息。通常你需要保留最低的存款数额，避免交纳每月的账户管理费，但是有些银行为未成年人的储蓄账户提供了免月服务费或者取消最小数额的服务。你的孩子需要知道，根据联邦法律的规定，每月从储蓄账户取钱的次数最多不可超过 6 次。

第 2 个 货币市场账户（MMA）

货币市场账户和储蓄账户比较相似，一直以来提供稍微高一点的利率，但通常也有最低存款额的限制。如果你已经开立了储蓄账户，除非有特别高的利率，否则就没必要再开设此类账户。

第 3 个 存单（CD）

这类账户要求你把钱存一个固定时期，给你固定的利率。因为你在协议期间提前取款需要交罚金，所以给你的利率比普通的存款利率高。大部分的孩子没有开立存单的 500 美元左右的最低额，但是当他们听说存钱越多利率越高的时候，这对他们也是一个极大的激励。

高中时期：让孩子为上大学攒钱

到了高中，你的孩子对于如何花自己的钱会变得更加谨慎。但是父母需要确保这个时期孩子的积蓄主要以大学生活作为目标。

为上大学攒钱。研究显示，父母承担所有学费的孩子比那些自己参与攒钱计划的孩子毕业时平均学分绩点（GPA）要低一些。尽管没有证据显示具体的原因，但是我认为，如果一个孩子知道他亲自参与自己未来的上学计划时，他会更有动力去尽力而为。所以这是很好的让你的孩子承担一点儿大学费用的理由。尽管许多父母说，他们希望自己的孩子也能参与大学攒钱计划，但实际上很少有家长让孩子这么做，直到对孩子来说攒钱已经晚了的时候。一项调研发现，尽管 85% 的父母认为他们的孩子应该支付大学费用，但只有 34% 的父母要求他们的孩子这么做。从九年级开始，你就要很清楚地告诉孩子，把一部分钱存起来当作大学费用，可以是通过打零工赚钱或者从亲戚那里得到额外的收入。

　　有很多的办法可以做到这一点。如果你的孩子能够存一部分钱，至少可以减轻家庭的部分财务负担。当大学决定给你的家庭提供联邦助学金额度时，他们也会留意孩子的储蓄情况，希望他至少能提供 20% 的费用额度。大学通常期望父母只贡献很少的部分，比如大约 5.6% 的家庭储蓄，因为学校认为父母还有其他的生活成本问题需要解决，比如房贷、车贷，还有孩子的其他日常花销。（大学当然要求你参与更多的储蓄计划，我后面还会详细介绍。）这里有很多方法帮你实现，比如让你的孩子把钱存到大学专用储蓄账户里，我们称之为 529 计划。（第九章会详细介绍这些账户。）

　　无论如何，你都要确保自己不会陷入这样的思维陷阱：你的孩子为上大学存钱毫无意义，因为学校助学金办公室只会因为他在银行里有存款而惩罚他。我只能对这样的想法表示遗憾，因为这么理解是完全不对的。首先也是最重要的一条，银行有储蓄比没储蓄好太多了。即使你的孩子获得了助学金，这也只是助学贷款，孩子的储蓄可以帮她减少很多债务。而且，因为助学金发放政策总是在更迭变化，你可不要抱着侥幸心理，不让孩子存一点儿钱却想着他能在大学里保持最佳的状态。

　　考虑把钱存到网上银行。你孩子的目标是看好他的存款，并不期望特别高的回报。也就是说，现在是他为自己超安全的储蓄账户寻找最佳利率的好时机——或许可以考虑选一家只提供互联网服务的银行，这种银行提供的许多利率都高于实体银行。

尽管孩子在小时候理解起来有些费劲，但现在你的孩子足以理解网上银行的概念。告诉他去搜索 Bankrate.com（银行利率网站）或者 DepositAccounts.com 网站（存款账户网站），查询一下最高利率。最近几年，储蓄账户的利率实在太低了，最高的利率无非是在 0.05%~1% 之间浮动。尽管这没有几个钱，但是可以让孩子养成一个好习惯，去寻找最高的利率。利率有可能未来会提高，所以要经常地查询网站注意利率的变化。对孩子来说，存钱，最关键的一点是保证安全。这就是为什么要确定你孩子使用的任何一家网上银行都是联邦储蓄保险公司投保的，所以一定要查看银行网页上是否有熟悉的联邦储蓄保险公司的标志，或者会员字样，或者联邦储蓄保险公司投保的标记。

积攒"额外的钱"。有些父母因为自己没有能力满足孩子的欲望，有时候甚至会表现出一种自卑感。如果你是那样的父母，一定要克服这种心理。有时候跟孩子说"不"是非常有益的。你要让他知道，如果他真的很想要什么东西，就要自己攒钱或者自己去买。那些典型的随心所欲、要风得风的孩子通常都不会攒钱，也不会去等待，他们缺失的是对生活技能的追求。下次他再想要什么特别的东西，可以告诉他，父母的钱可以买什么，而他想要买的东西要靠他自己去攒钱。当你发现某一天，他突然攒够钱买了芬德电子吉他时，你或许会为他的创意感到惊诧不已。不必因为没有满足他的所有需求而感到内疚或抱歉，他是幸运的，因为你给予了他很多机会去学习如何通过攒钱实现自己的小梦想。

如果你的孩子有大笔收入

温馨的 16 岁生日、第一次社交、酒吧聚会或者 13 岁成人礼、15 岁成人礼、各种特殊仪式、毕业典礼……所有这些隆重的仪式都在朋友和家庭之间举行，或许还需要很多钱买礼物。（如果你有比较小气的亲戚，你要记住，真的，你一定要记住下面的注意事项。）

如果你的家庭计划有庆祝活动，你要在孩子收到一沓钞票或者一把支票前预先规划好它的用途。如果活动结束后，你的孩子在 20 美元钞票到处乱飞的卧室地板上兴奋地打滚发疯，像中了乐透大奖一样，这可不是做出明智计划的时候。这些钱是不是要存到大学储蓄账户里？是否要捐给慈善会？你的孩子是不是要买他喜欢的物品（一套架子鼓或者昂贵的春假旅行）？或者你是否需要拿这笔钱支付庆祝会的花销？（我们家经常这样做。）或者（大部分人很可能是）你的钱是不是需要分成几份，每一份都有它的用途？

当然，你做出什么样的决定完全取决于你的家庭财务状况，以及孩子收到的钱。我是说，如果你想让你的孩子认为这些钱是"他的"，那你应该让他把其中一大部分钱拿出来做长期储蓄，尤其是要为大学学费做准备。或者让他捐一部分钱给一个有意义的项目或者慈善组织，他的选择也很值得夸赞。尽管钱是"他的"，但他还是你的孩子，你应该帮助他做出明智的选择。这样等他再成熟一些，在工作中获得一大笔奖金或者在得到一笔丰厚的退税金时，这些经历会给他经验，将会有助于他做出更理性的选择。

大学时期：利用暑假兼职攒钱

这个时期的孩子很难攒一大笔钱，因为大部分的储蓄直接交学费了，还有其他大学时期的基本花销。还能攒更多钱吗？那只有等大学毕业了，不过，这里还是有一些建议可以参照的。

使用一部分储蓄交纳学费。正如之前提到的那样，研究发现，如果你的孩子开始提前为大学学费做准备，那么他在大学里的表现会更好，因为他觉得自己在亲力亲为参与大学的生活，而且参与投资。无论他是自己买书本、装饰宿舍，还是承担一小部分学费，只要他的储蓄参与到大学生活中就是非常有益的。如果你接纳了我关于高中生活的建议，并让你的孩子从那时起开始攒钱，他一定会为大学生活贡献自己一小部分的储蓄。

尽可能利用暑期时间攒钱。暑假是孩子们攒钱的好时机。攒一部分钱可以让你的孩子在学校的生活中变得更游刃有余，尤其是在他希望全心投入学业而少做兼职的情况下，至少可以让他承担相对较少的学生贷款。如果你的孩子在暑假没有找到付费的兼职（比如一个不付费的实习机会），一定要提醒孩子这个决定的机会成本。这可能意味着，他开学后需要半工半读，而不是完全依赖暑假打工攒的收入。（关于孩子在大学期间可以做的工作，请参照第三章。）

成年初期：实现财务自由

毫无疑问，你日渐成熟的孩子需要攒钱，从而实现财务自由。在这个阶段，延迟满足比以前显得更加重要，以下是你需要给他的建议。

设立应急储蓄金的保护措施。当你和孩子讨论应急储蓄时，你需要跟他探讨昂贵的房租和低收入的工作，并告诉他，这些储蓄对于他们这代人来说简直是杯水车薪。这也是你建议他从现在开始储蓄的原因，哪怕是有规律地一点一点存起来。应急保护措施意味着，他会跨过生活不如意和财务灾难造成的鸿沟，这样他就不会因为没钱修车而丢掉工作，也不会因为付不起房租而被房东赶出去。现在他已经是个成年人了，他需要靠自己的能力创造属于自己的安全港湾，而不是靠父母为他撑起一片天地。经验法则是，要存够 6 个月生活费的应急储蓄金，这足够让他从容地找到体面的工作。也就是说，我建议你告诉你的孩子，刚开始可以把应急储蓄金设成 3 个月的生活费，这样他就不会觉得这个目标太遥不可及。可以从网上下载一个电子表格，帮助你的孩子计算出需要存多少生活费，你可以参照网站 BethKobliner.com 里的提示信息。

把高息贷款还清是最精明的攒钱之道。的确，这对于一个刚刚毕业的身无分文的学生来说，看起来是个可笑的主意。但是这对你的孩子来说，真的是个非常重要的建议——甚至很多成年人都无法理解这个观点。这个观点的精髓就是：不久之后，你的孩子会攒一些钱，尤其是他还住在家里的时候，他就应该把这笔钱先用来还掉高额的贷款。

我们看一下这个例子。假设你的孩子信用卡欠款 1 000 美元，贷款利率 18%；而他的储蓄账户里有 1 000 美元，存款利率 1%。到年底时，他还需要额外支付信用卡公司 180 美元的利息，而储蓄账户仅仅赚了 10 美元。从技术上而言，尽管他在银行里有存款，但实际上他的资产为 -170 美元。如果他用那 1 000 美元还掉信用卡，他不会赚任何的储蓄利息，但同时也不需要支付任何的贷款利息，这就收支平衡了。这个结果远远好于损失 170 美元。

但是，你或许会有所怀疑，难道我的孩子不应该存一笔刚才提到的应急储蓄金吗？这需要具体情况具体分析。如果你的孩子和你生活在一起，他就首先要还掉高息贷款，然后开始攒第一个月的房租和他自己住房的保险存款。这的确是搬回家和你们一起住的最大的财务收益。这种方法还需要他坚持每月信用卡不能刷得太多，否则下个月还不了借款。即使是搬出去自己住，他也要保证至少拿一半的储蓄还高息贷款，把另外一半存到储蓄账户里，以备真正的不时之需。只要他的应急储蓄金里存有 1 个月的生活费，他就可以还更多的高息贷款。只有当高息贷款全部还完，他启动应急储蓄金的储蓄计划才有意义，直到至少存了 3 个月的生活费为止。

让储蓄变成自然而然的事情。行为经济学家知道，让一个人自愿存钱就像让他心甘情愿地签字接受根管治疗一样困难。正如你一直迷信的神奇 8 号球暗示的那样："谨慎并不总是好事。"这就是为什么让你的孩子自己管理财务的原因，他有了计划之后，就不需要在每次发工资的时候都考虑一下存钱了。这纯粹是个心理游戏：首先我们看不到活期账户上的余额，所以也感受不到将钱转到储蓄账户上那种"损失"带来的痛苦。你孩子就职的公司有可能自动把他一部分收入转存到独立的储蓄账户上，或者他可以设置成工资到账即自动划转到储蓄账户上。你只需要让他做一次简单的设置，就会给未来带来极大的收益。

只有存够钱才可以买。你的孩子一旦离开学校，他感觉需要花钱买上百万件东西。这个时期对你的孩子来说是很危险的，尤其是如果他刚刚申请了一张信用卡，结果更是如此。因此当你看到这里，你需要向你的孩子传达或许是本书里最重要的一条信息：只有当他攒足够多的钱，才能买大件的物品。就是这样。在这样的时代和孩子的这个年龄段，如果说只有足够的钱才可以购买东西，这或许听起来非常的老套。你甚至可以想象，我穿着衬裙和裙撑在用古老的打字机写下这些文字。但是相信我，这是千真万确的，而且这是你能给予孩子的最好的建议。更多关于信用卡可能带来的风险，可以参考第四章。

如果孩子在攒钱，请让他搬回家住。让你的孩子大学毕业后搬回自己的房间住，对他来说是明智的选择，而且大部分的年轻人也是这么做的。但是如果你的孩子搬回家住，你需要制定一些基本的原则，其中一条就是要开始存款，不仅仅是要攒租房的钱，还要应对紧急状况。否则，你会发现，他搬出去住不久就会搬回来和你一起住。你们之间可以签署一份基础合同，明确写下你对他的大致期望。（相信我，我很严肃地对待这个问题。）你是否需要象征性地收取孩子一点房租（留给他足够的生活费）？还有什么其他的期望（家务活，买日用品，等等）？如果你借给孩子钱，是否要收利息？（关于美国国税局制定的亲属之间的利息问题，是的，美国的确有这样的规定。）

告诉孩子要存钱交房子的首付。毕业后的最初几年，让孩子买房听起来就好像让他的独立乐队在科切拉音乐节表演一样令人难以置信。但是，存钱可以让他的梦想照进现实。不要和孩子这么谈："哈罗，我在你的年龄早就有自己的房子，还有三个孩子了！"这丝毫不会增加你的权威性，只会让人感到你没有一点儿人情味，甚至有点儿市井气。你的谈话一定要基于某些数据，证明这一代孩子比以前的人们需要花更长时间攒足够的钱买房。如果你的孩子攒够了充足的应急储蓄金，而且缴足了工作退休金，建议他每个月存点钱准备支付房子首付。

他至少可以交纳10%的首付款，最好能交总价格的20%。通常情况下，首套住房的成本在17万美元左右，这意味着他需要攒1.7万~3.4万美元，还要准备3 000美元的交易费用。这些钱可以存在安全的账户里，比如储蓄账户或者定期存单、I号债券，或者货币基金。（关于更多的投资选择可以参考第七章。）你不应该认为给孩子购置住房完全是你的责任。大部分父母不会这样。当然，也有25%的首套房购买者是从亲人那里拿到了一大笔赞助交的首付。（猜猜这么好心肠的亲人是谁？当然是他们的爸爸和妈妈！）

我给你最后的一个建议：让孩子们攒钱，这并不是让你去决定你的孩子住什么样的社区，或者他们应该买什么样的房子。当然你的初衷是好的，去考虑房子的安全性，再次销售时能够保值，诸如此类——但是不要忘了，你的孩子才是这套房子的主人。

第 三 章

幸福生活的秘方是
努力工作

Make
Your Kid A Money
Genius

当父母被问及他们对孩子最大的期望是什么时，大部分的父母都会说："我们只希望他们过得幸福。"

好吧，这听起来的确很伟大。

但是我们帮助孩子实现幸福的方式却往往只是满足他们的物质需求，或者提供有趣的体验。研究发现，创造幸福生活的秘密配方竟然是努力工作，实现个人的目标，享受打拼后获得的满足感。

下面就是我要证明此观点的案例。在我成长的过程中，我父亲最喜欢挂在嘴上的家训就是"在我们家里，先做我们必须完成的事情，才能去做自己想做的事情"。很明显，在我们克布莱恩家，不要指望会有多少场疯狂的派对了。

尽管我的哥哥、母亲还有我，时不时会嘲笑父亲的家训，但回想起来，这真的是促进成长的伟大方式。我们出色地完成每一项工作时，不管这项工作是完成家庭作业还是洗碗，感受到的不仅仅是无限的喜悦和努力工作的乐趣，更有一种强烈的自豪感。对于父亲来说，他的目标就是成为一位他力所能及的最杰出的校长。我的父亲从内心深处意识到，只有努力工作才是事业成功、人生幸福的源泉，才是关于成功最真实的感觉。

事实证明，哈罗德并不是唯一一个如此理解成功的人。许多年后，宾夕法尼亚大学心理学教授安吉拉·达克沃思（Angela Duckworth）也在研究同样的课题。达克沃思教授是麦克阿瑟基金会"天才奖"得主，她发现那些坚持自我（或者说"坚毅力"，为便于理解，她改用一个教学常用词来普及这种观点）的人，不仅在学业上表现更突出，而且毕业后也能有较高的收入，在一生中能攒更多的钱，对自己的人生也更为满意。

达克沃思教授最著名的发现是：对于孩子的成功而言，坚毅力甚至比智商更重要。她最为振聋发聩的呼吁是：教你的孩子变得更具坚毅力是可能的。

给你的孩子进行坚毅力的教育是十分可行的，无论他本来的决定是什么，只要有所坚持就会有所改善。我们知道，有些孩子天生认真谨慎，而有些孩子则恰恰相反，甚至马马虎虎。这没有问题。因为我们为人父母，就是要教育自己的孩子在做事情时要学会持之以恒，无论是面对家务活、学校功课、课外活动，还是有偿劳动。

在本章里，我不仅会帮助你在教育孩子时学会深入分析，而且会帮助你引导孩子学会按重要性对事情进行排序，这样他就知道什么情况下要全力以赴，什么时候稍做努力就足以应对，而且能把事情做得尽善尽美。最后，我还要教孩子几个绝招，可以让你的教育事半功倍，有助于你把他培养成一个在财务上更加安全、更加独立，而且更加幸福的成年人。

幼儿园时期：培养孩子的职业素养

在这个阶段，你或许认为，你的孩子所拥有的坚毅力就是鞋子里灌进了操场上的沙子而不吭声。毕竟，一个 3 岁的孩子又能做什么事情呢？请继续读下去。实际上，现在才是培养孩子职业素养的最佳启蒙阶段。

做家务是生活的一部分。回想很久以前人们在农场生活的时候，做家务活从来不需要讨价还价——许多事情必须完成，没有其他人可以代替。但是现在的许多研究显示，大部分的美国孩子并不做多少家务活。有些人抱怨说，这主要是受高科技快餐文化的影响，而且孩子们在学校的时间更长，他们沉溺于金字塔式的教育系统里无力分身——好吧，这就是你的理论。在你认为让孩子把脏盘子放到水槽里是浪费时间之前，请看看这个案例。明尼苏达州立大学做了一项研究，从幼儿园时期就开始跟踪调查一批孩子一直到他们二十几岁，研究发现，无论是他们考大学还是从事某种职业，那些成功人士的共同特质之一就是他们小时候参与过家务活动。

　　这里也有一个好消息：父母可以很容易地引导才 18 个月大的孩子做简单的家务。如果你曾经在蹒跚学步的幼儿面前洗过碗盘，或者打扫屋子，你会很容易地发现，他会努力尝试着加入进来，或许只是为了好玩儿。好好利用这种稍纵即逝（有点悲哀）的积极态度，可以给他布置一个简单任务，比如把鞋子摆好，或者把外套挂好（记得把衣钩尽量放低），确保他每天都能够做到，而且他一旦做到，就要毫不犹豫地夸赞他。如果可能的话，可以请他帮忙做点稍微复杂的事情，比如擦干几个（塑料）碟子，或者对垃圾进行分类。如果他做得不好，你也一定要有耐心，要鼓励他。这个阶段的目标是，让他把做家务当作日常生活的一部分，而不是拥有一个一尘不染的房子。

　　你通过工作赚钱。 我的朋友米兰达小时候以为她父亲的工作就是读报纸，因为每天早上她爸爸都在胳膊底下夹一份报纸出门工作。（其实，他是位中学辅导员。）小孩子根本无法理解工作的含义，或者明白上班与赚钱之间的关系。尽管你会告诉孩子，你上班是为了得到报酬，或者说你的工作收入可以购置他的日用品，不过如果你能够向他展示你的工作，就会更有效果。

如果可能，某一天你可以把孩子带到你的工作场所，或者利用周末时间带他参观一下你的办公环境，给他介绍你的办公室，或者办公桌，或者工作间。让他体验下胶带切断机，或者让他体验下你的旋转座椅。简单清晰地介绍你的工作职责，告诉他，你在这里工作可以获得报酬，这些钱可以用来买房子、食物，还有玩具，一定要重复这些信息。如果你用合适的语言去讲解，大多数年龄很小的孩子都能理解，即使你所说的工作很复杂。我认识一位母亲，她是一家大型公司的在线社区服务经理，工作职责是保障客户在信息板上文明留言，并协助代表们为客户提供支持性建议。当我问她儿子妈妈做什么工作时，这个 4 岁的小孩回答说："我妈妈负责删掉网络上的脏话。"

有工作很好，做自己喜欢的工作更好。在我儿子很小的时候，他的幼儿园老师提供的令我受益最深的一条建议是：父母要假装喜欢虫子。起因是我儿子的班级在上一节土壤科学课时，老师发现大部分的孩子都喜欢挖土、玩泥巴，他们对土里的小虫子也充满好奇。但到放学的时候，孩子们的父母来接孩子，看到这些场景时都大呼小叫起来："哦哦哦，虫子太恶心了。"这经常会抹杀孩子对生物的兴趣。

孩子们最初从父母那里获得一些对世界的基本认知，甚至偏见。所以，你如何对待你自己的工作，以及你如何在孩子面前评价你的工作，一般会直接影响到他对待工作的态度。如果你喜欢你的工作，就直接告诉他。如果你不那么喜欢你的工作，你或许可以说，你喜欢有工作的感觉。这样会在孩子心中树立一种观念：工作是值得做的事情。

介绍你认识的人从事的真实工作。 可以跟孩子讨论你和孩子见过的每一种职业——餐馆老板、医生、老师，向他展示许多种可以选择的工作，而不仅仅是他从电视上看到的那些。而且这样也会让他知道，周围认识的人都在通过工作赚钱，这样就会很自然地在他心里埋下一颗种子，他长大后就会自然而然地接受这个观点。如果你是全职在家，或者你的另一半全职在家，要告诉孩子，全职工作虽然没有收入，但也很有意义，包括干洗衣服、做饭、发送货物，还要控制孩子的日常活动经费，等等。工作的形式多种多样，你的孩子会明白的。

褒奖努力，而不是精明。 斯坦福大学的心理学家卡罗尔·德克（Carol Dweck）曾经在多项研究中发现，那些经常告诉孩子他多么有天赋或者聪明的家长，可能在不经意间让孩子忽视了努力的意义，这是非常不明智的做法。如果只对他内在的天赋夸赞不已，你可能培养了一个极易被打垮的孩子，甚至他在第一次遇到比较难的问题时就难以克服。一旦他找不到解决问题的窍门，他可能很快会放弃，认为自己天生的聪明才智已经达到了极限。实际上，你更应该对他全力以赴获得的成功给予有意义、有针对性的赞扬。比如说，当他向你展示他刚完成的一幅绘画作品时，不要说"你太有艺术家气质了"，而应该说"我非常欣赏你在这幅画上付出的辛苦和努力，特别喜欢你用蓝色的线条去连接这两个圆圈"。这种带有针对性的赞扬会暗示他，你关注的是他投入作品中的努力，而不是让他认为自己就是下一个巴斯奎特（Basquiat，著名涂鸦艺术家）。表扬他专注于某件事情的能力将有助于让他认识到，拥有一份工作（无论是在快餐店做兼职，还是当一个全职的演员）并不总是容易的，但是克服这些挑战和挫折就是生活的一部分。

告诉你的孩子假装自己是蝙蝠侠。一项令人振奋的研究发现，小孩子如果想象自己是另外一个努力工作的形象，会把一项任务坚持得更久。许多研究人员称这种现象为"蝙蝠侠效应"。在一项研究中，测试人员要求一群4~6岁的小朋友协助做一些无聊的工作，需要做10分钟。同时，研究人员也发给这些孩子每人一部平板电脑，上面下载了好玩的游戏，如果孩子想休息可以中途停下来，玩会儿平板电脑上的游戏。研究人员要求一部分孩子时不时回答："自己是不是工作很努力？"另外一些孩子被要求用具体名字回答上述问题（比如：萨曼达是不是工作很努力？）。还有些孩子被要求选一些卡通名字来回答这个问题，比如蝙蝠侠或者朵拉。测试人员还给他们分发人物角色相应的斗篷或者服装，让情境显得更加逼真一些，让他们问自己："蝙蝠侠是不是工作很努力？"那些问"自己"的孩子坚持做任务的时间最短，而穿着蝙蝠侠或朵拉装扮并用这些人物的名字对自己提问的孩子坚持的时间最长。从理论上讲，心理学家将这称为"自我隔离"。这个实验可以很容易地在你的孩子身上进行，可以鼓励他选择自己崇拜的角色，在做事情的时候扮演这个角色。（如果这听起来有些耳熟，是因为这个技巧也可以帮助孩子学会延迟满足，从而攒更多的钱。）

小学时期：引导孩子做一些适当的工作

这个年龄的孩子会为赚钱而疯狂，无论是去卖柠檬水，还是向同学兜售胶带、钱包。以下技巧可以引导他们适当控制工作的愿望。

做家务是家庭生活的一部分。研究发现，那些会做家务的孩子长大后更容易成功，可能是因为他们做好一项家务活获得的控制欲与他们作为团队成员感受到的成就感十分相像。

你给孩子安排的家务活不要超出他们的能力范围，而且要把你希望看到的结果表述得十分清楚。让你的孩子轻松接受的一种方式是和他一起做个日程表。如果任务完不成，跟孩子一起讨论惩罚措施。你可能会惊讶地发现，孩子们提出的惩罚措施有多么苛刻。（"如果我不主动去遛狗，我就吃狗粮！"）当然，你可以先提出一个比较理性的惩罚措施作为讨论的开始："如果你不收拾床铺，罚你一个月不能看电视可能太严厉了，要不每个周末少看一小时电视如何？"通过双方的妥协，制定出共同认可的家务活机制（有的家庭使用图表表示），这会让每个人都认为家务活与自己息息相关。在孩子的家务活清单最后一项，可以列上"我还可以做什么事情来帮助全家"。这项内容会让孩子感受到自己是更大团队的一分子，只做最少的工作是远远不够的。不管怎样，都不要因为孩子做家务活而给他支付报酬。

做额外的工作可以获得报酬。好吧，你已经听到我大声而且清楚地告诉你，做日常的家务活没有报酬。但是如果孩子做了什么额外的工作，尤其是那些如果孩子不做你需要雇别人完成的事情，你可以给孩子支付报酬，比如清洗车库，或者整理网上的照片之类的。作家瑞秋才9岁的时候，她的爸爸告诉她，如果她每周都能把农场门前的院子打扫干净，就会挣到一点零花钱。她现在回想说："我做这些事情时感到很自豪，坦白地说，每当看到我三个兄妹把他们的玩具扔得到处都是，我觉得自己有点像暴君一样怒不可遏。"实际上，如果你有足够的智慧，你可以利用孩子对金钱的欲望，把它变成一种追求善念的动力。你可以让他负责全家的节电监督工作（比如随手关灯、拔掉充电器、控制室内温度等），节省出来的电费可以让他从中受益。你的阁楼是否塞满了杂物，是否需要及时清理？先让你的孩子整理一遍，让他选走他认为有价值的东西，或者在网上卖掉（当然是你先检查一遍）。我的孩子一听说他们可以卖掉祖母收集的废旧书籍赚点小钱，他们简直太兴奋了。（没什么神奇的办法，20美元对孩子来说可是不错的交易。）

工作不总是有趣，但是拥有一份工作是很不错的。既然你的孩子已经成熟了一些，那现在是时候（实际上是更好的机会）告诉他，你并不是自始至终热爱你的工作。你也可以说，你有个老板，你常常不认同老板的观点，就像你的孩子也有一位他常常不认可的老师一样，因为这就是现实，是在人生的某个阶段必须应对的问题。这也是一个向孩子解释尊重师长和老板的必要性的时候，甚至有时候，我们为了成为一个好员工或好学生而不得不去选择尊重。同样，你可借此机会表达内心的感激，因为你找到一份足以谋生的工作，有足够的钱去买食物、衣服，还有安身之处。你还可以暗示孩子，你可以通过一些事情让自己变得更好，比如努力工作获得晋升，或者研究公司其他部门的工作，或许你可以通过调换岗位更好地发挥自己的优势。你还可以与孩子分享，你正计划通过业余的学习或者考取专业资质，让你在目前的岗位上承担更重要的工作，或者换一个全新的更有前途的工作。这些信息都要一以贯之：一份工作不一定总是完美的，但是你很幸运，拥有一份工作去赚钱养家。

　　金钱不是万能的。这个观点对你来说是老生常谈，但是对你的孩子而言却不是这样。是的，你希望你的孩子长大后能够过上优越的生活（这也是你读本书的初衷），但是只因为能够拿到高薪才去选择某一个行业或者某一份职业却是大错特错的。现在是时候去澄清这种观点了，选择自己喜欢的工作很重要，但金钱并不完全等同于工作的价值。你可以跟孩子讨论金钱和兴趣平衡的话题。你也可以和孩子讨论应该如何在从事的工作和赚取的工资之间做出最终的选择。你不需要用金钱去说话。你是否是因为热爱艺术而选择在艺术领域工作，并且不会因为工资微薄放弃你的工作？抑或因为你觉得你选择的工作会获得他人的认可，比如当一名老师、一名社会工作者，或者做公益工作的律师，就能够给你带来满足感？或者如果你自己做生意，就跟孩子讨论一下为什么你喜欢这样的工作。你是否喜欢管理别人，或者当企业家会让你每天精神振奋。一定要让你的孩子了解，你为什么喜欢你的工作，而不仅仅是因为工资丰厚。

尊重所有的工作。不久前，我注意到参加棒球比赛的一对父子。这个男孩大约 11 岁，想站在一个只有工作人员可以进入的位置拍现场照片。当一位裁判员让他离开时，他并没有理会，甚至还有些粗暴地继续用手机拍照。然而整个过程中，这位父亲只是在一边旁观，没有说一个字。这个看似很小的事件却传递给孩子一个信息：被人合理制止也无须理会。其实更糟糕的是这件事还传递了更深的意思，即使无视执法人员的工作也是被父母允许的。

大部分的父母会教孩子说"请"以及"谢谢你"。但是，给你的孩子树立好的榜样，而且友好对待那些给你的生活带来便利的人是更重要的。即使是你在不走运的时候，或者服务员偶然上错菜的时候，你都要这么做。无论对方是保姆、公共汽车驾驶员，还是店员，你都要做到待人友善，而且这也是免费的，要展示出你对所有种类的工作的尊重。

不要剥夺孩子做生意的乐趣。一个朋友告诉我，她周末去海边游玩的途中，在路边遇到一个漂亮的柠檬水摊。鲜榨的柠檬水装在别致的玻璃吸管杯里，榛果巧克力酱蛋糕冰冻得恰到好处，摊位的标志十分精美，好像是专业设计师精心设计的作品。毫无疑问，四位超级紧张的父母守在一群看似无聊的孩子旁边，孩子们是负责看摊的。问题是什么？那些初心很好的父母完全掌控了这个本来应该让孩子去控制的局面，抹杀了孩子们可能从中获得的所有乐趣，严重伤害了孩子们的想要做好这个小生意的初心。如果你的孩子想赚钱，你一定要全力支持他。如果由你代替他进行掌控，你不仅剥夺了孩子的乐趣，而且连他们通过犯错进行学习的机会也被破坏了。最好的办法就是，让你的孩子自己去管理，即使他们用简易包装盒给顾客提供柠檬水或者直接从盒子里拿饼干给顾客享用，都不要去干预。

　　你的过度参与还会破坏你应该跟孩子一起学习的重要一课：利润。你不想做一个品头论足、怨气冲天的柠檬水摊主，但是当一天的生意结束，你的孩子开始数钱袋子里的收获时，算一算每种配料的成本——柠檬、糖、纸杯，与收入做下比较。你可以与孩子讨论下收支的问题。"我想，如果你用混装巧克力饼，而不是用有机可可粉作为原材料的话，你会节省一些成本。""是否值得花时间鲜榨柠檬？如果直接用柠檬粉的话会不会节省一些时间，可以在摊位上多卖一些柠檬水？或者换个方式，如果是鲜榨的柠檬水，价格是不是应该更高？这样你鲜榨果汁的时间花得比较值，或者赚得更多。"这些背后的经验教训远比你为他们打造一个精致的柠檬水摊更有意义。

　　"变得富有"不是一个职业目标。当安迪参观他上五年级的儿子的教室时，他读到儿子写的关于未来的理想，多多少少还是被震惊到了。"他非常真挚地写道，他的人生目标就是'通过打职业篮球赛变得富有，而且举世闻名'。"安迪告诉我说，"考虑到他个子不高，患有哮喘，根本不能跳投，这样的目标几乎是不可能实现的。"有时候人们遵循的常识是，父母应该告诉他们的孩子，他们能做的就是"追随自己的梦想"，实现人生的成功。但是，如果你的孩子树立了一些不可能实现的目标，不是因为他喜欢打球或者跳芭蕾，而是因为他认为这些目标的实现会让他变得很有钱，你就需要和他进行一场谈话了。当然你需要选择合适的时间，而且在开口之前要评判下孩子的成熟度。你可以告诉孩子，你更希望他读个 MBA，而不是成为职业篮球运动员，不过至少可以鼓励他一直打篮球。关于未来又有谁能说得清楚呢？说不定你的孩子也会长成两米高的灌篮高手。但是帮助你的孩子开启未来各种选择的大门，对他今后的成长非常有益。同时，如果他时不时地表现出偏执狂一样的"唯利是图"，你也不要沾沾自喜，以为他就是下一个"华尔街之狼"。

初中时期：培养孩子坚持做事的习惯

　　在这个年龄，孩子们能够承担更多的工作，而且可以从中赚更多的钱。同时，你还要不断地向他灌输，很多他需要做的事情不会给他报酬，其中最重要的事情就是要好好学习。下面就是告诉你的孩子如何努力才能保持住赚钱与学习之间的平衡。

现在需要参与做技术含量更高的家务。初学生比小学生拥有更强的自理能力，比高中生的家庭作业少，学业压力小。而且，初中生会体验到更强烈的自我满足感，他们可以像大人一样清扫院子里的落叶，或者自己洗衣服。你只要给孩子指出方向，剩下的就放手让他们去做吧。这时候不需要他们在家务活方面做到完美，而是要培养他们的独立性。我认为，你可以引导你的孩子帮助你坚持不懈地清理厨房地板或者刷洗浴缸，这比你自己做快多了，而且少费力气。这些也都是孩子们应该掌握的生活技能。

我知道，对于临近毕业的高中生，与其担心他的衣服洗得是否干净，不如担心一下他们未来大学的课程。清理厕所，把烤煳的锅刷干净（我本人的强项），把地板拖干净，而不是搞得到处乱糟糟，我认为都是很好的习惯。如果你选择的时机合适，你会引导一个六年级的小学生对学习新的技能产生兴趣。作为父母，你需要决定，哪些是你之前讨论过的作为家庭成员理所应当承担的新家务，或者哪些家务需要额外付费。

当你接受某项工作时问问市价。我朋友的侄女依然记得，在她七年级找到第一份照顾小孩的工作时，我曾经给过她一些建议。我建议她，如果小孩母亲询问给她多少工资合适，就这样回答："您认为合理的价格就可以。坦白地说，能陪伴您可爱的孩子已经是很好的奖励了。"我认为这是很有礼貌的回答，而且这样回答，对方一定很愿意让她照看孩子。结果发现，我的建议太糟糕了。到该付工资的时候，这位母亲随口说道："既然你确定不需要付钱给你，那太谢谢了！你真是太善解人意了！"对方真的一分钱都没有给我朋友的侄女。从这个故事我们学到：你的孩子表现出宽宏大量是很好的，但是不要因为他只是个孩子就要将他付出的劳动价值大打折扣。

你要帮助孩子了解公平的价格——无论是照看小孩、修剪花园，或者花十几个小时向年长的邻居演示如何使用社交媒体，或者在线做家谱研究。你应该建议他去咨询下他的朋友，类似的工作支付多少工资合适，以备雇主询问工资时礼貌而直接地回答。你也可以利用这个机会解释一些基本的市场概念。比如照看孩子的工作，别人是 1 小时 10 美元，而你要求 1 小时 20 美元，你有可能失去所有的客户。但是，如果你收得太少，比如 1 小时只要 5 美元，那么会低估了你自己的劳动价值。

如果做出承诺，就要坚持到底。很重要的一点，我们要确保孩子遵守承诺，无论是在学校图书节管理书架，还是参加钢琴课或者足球队的活动。只要你做出了承诺，你就不能在这一年或者这一季产生中途放弃的念头。如果学钢琴，就坚持学这一年；如果参加足球队，就要参加完这一季的活动。然后你和孩子一起研究决定，他是否只是临时性的参与（或许他应该转到其他课程），或者你需要给他少报几项活动，因为他的时间已经太紧张了。

现在，当然你还需要运用你自己的判断力。当指导老师太严厉或者团队里其他孩子真的令人讨厌时，你或许会让孩子中断某项课程。但在通常情况下，你要让孩子明白，你希望他可以坚持学完这个课程。你还可以向他证明，整个团队或者演职员，或者志愿者团队的其他成员都离不开他，如果中途弃他们于不顾非常不合时宜。这当然不需要其他人为他做些什么事情。你可以举个自己的例子——有段时间你也想离开女子志愿军或者乐团，但是回想起来自己没有这么做还是很高兴的，因为在那一年里你获得了一种从未有过的成就感。（当然，这不是说你一直如此看重你的荣誉，更重要的是，你认为很久以前的那段时间，你坚持完成某项任务给你带来十分圆满的感觉。）

了解最低收入。做一个快速测试：你是否知道联邦政府的最低收入？在我写这本书时，美国最低收入是每小时 7.25 美元。（有些州的最低工资会高一些，比如麻省就是每小时 11 美元。）我们为什么要关心这个问题？首先，让你的孩子知道，美国从1938 年开始引入最低收入的概念（那时候每小时收入只有 25 美分），设立最低收入的初衷是要让人们脱离贫困。（如果按照通胀调整后的收入计算，最低收入相当于今天的每小时 4.5 美元。）你还可以告诉孩子，现在美国大约有 300 万人每小时只能赚 7.25美元，甚至更少。那就让我们做道数学题：如果一个人按照最低收入标准，每周工作 40 小时，那么一年大约收入 14 500 美元，低于政府承诺的有孩子家庭的脱贫线标准。

　　这个事实就可以用来给孩子解释目前人们辩论的话题：提高最低收入的理由是什么？为什么有些雇主反对提高最低收入？哪些解决方式看起来是可行的？这不需要像学校辩论课那么正式严肃，但是这个话题本身十分值得探究，尤其是这样的话题对孩子的影响是最直接的。最低收入并不适用于每个人或者每一份工作。学生、孩子、成年人可能会做一些付小费的工作，比如服务员，他们也不一定每小时能赚到 7.25 美元。实际上，服务员的最低工资是 2.13 美元（这也是为什么给优质服务付小费更大方些的重要原因）。你的孩子还要知道，如果他还不到 20 岁，他的老板只能按照每小时 4.25 美元的标准付他入职前三个月的工资；三个月之后，老板至少得按照最低工资标准付工资。

　　认真对待孩子的企业家情怀。既然这个时期的孩子可能满脑子想的是赚钱，他们也可能私下里想出了很多奇怪的点子。（"乔伊和我准备假装在快餐里发现一只老鼠，这样饭店就会赔偿我们一笔钱作为封口费了！"）或者他们可能有些奇特的主意，然而显然是不堪一击的。（"我敢打赌，那家滑雪板公司一定会付费把他们的标志印在我的脸上！"）你需要耐心地聆听他们的想法，而不是捂起你的耳朵。孩子们很严肃地看待这些项目，所以不要对他们置之不理。鼓励他们想出好点子，温柔又坚持地把那些不现实的主意屏蔽掉，一定要坚决反对那些有悖安全或者道德底线的想法。

高中时期：努力学习是要务

这个时期的孩子主要精力要放在学习上，因为在高中时期，只有努力学习才是提高升入大学概率的最佳途径。学习好或许还能帮孩子申请到一些奖学金。但孩子在这个阶段也会有一些分心之事。作为高中生的家长，你要运用下面的要点帮助孩子理出事情的优先级。

只利用暑假打零工。对很多父母而言，孩子在高中期间打点零工可以减轻一些家庭负担，工作也会给孩子带来非常宝贵的社会经历。此外，当孩子赚钱时，他会觉得这是用自己的方式赚到的，这与得到零花钱或者生日礼物时的感受是完全不同的。某些研究发现，每周工作几小时还会稍微提升孩子的平均学分绩点。最后，无论你的孩子工作与否，他都受你的家庭价值观和财务状况的影响。我会不时回顾一下我在高中时代曾在奥兰多药店、斯普林菲尔德餐厅，以及酒店做过的一些工作。我也非常理解那些父母，让孩子从学校繁重的课业里挤出时间做兼职的确有些两难。有些研究建议父母需要谨慎一些。美国劳动数据研究局的研究显示，高中生做兼职的时候，每天做作业的时间会少 49 分钟。既然其他的研究证明，那些花更多时间啃书本的孩子能够考更高的分数，为什么还要让孩子冒险尝试兼职呢？我建议：如果可以，不要让你的孩子在课余时间做兼职，而是利用暑假的时间打工赚钱。当然了，如果他愿意平时偶尔做点小零工，比如看看孩子，或者做做家教，那也很不错，只要不过多占用他的学习时间就可以。

做好缴税的准备　你的孩子拿到的第一张支票可能金额非常有限。他也不知道这张支票还能做什么，特别是在他一直用做兼职赚来的钱支付书本费的情况下。（最近的一项国际测试发现，美国 15 岁的孩子中有 75% 的人缺乏识别账单的能力。）该给孩子讲一堂收入所得税的速成课了。简单来说，工作人员向政府交纳收入所得税，用于建设公共设施，包括建设高速公路、学校、改善空气污染以及给贫困人群提供健康福利等。这是一幅宏伟的蓝图。但是在个人微观层面上，有一些重要信息需要介绍给你的孩子。其中一个就是，所得税就是总收入（税前收入）与净收入（税后收入，你实际到手的收入）之间的差额。

当你的孩子开始工作时，他可能会填一份需要报到美国国税局（IRS）的 W-4 表格，这个表格决定他每月扣除多少收入作为税费。在每个征税年度结束的时候，他都需要报税，并把数据发到美国国税局确保他足额完成交税，如果完成足额交税，且交税金额达到某个额度时还可以申请退税。（可以登录美国国内收入税的网站 IRS.gov 做下"我是否需要报税？"的简单测试）在他的收入明细单上还有州和地区税收、联邦社会保险税等税收条目，这些钱用于支付社会保险（这部分主要用保障于孩子的祖父母一辈的人的生活）和医疗费用（支付他们祖父母这一辈人的药费）。

金融天才指导你学习账单

当你的孩子第一次收到账单时，他一定会很困惑，为什么账单这么小？你可以利用这个机会给他解释其中的基本概念——你自己也可以重新梳理下相关知识。不是所有的条目都会出现在你孩子的账单上，随着他慢慢长大，最好让他提前做好准备。

第 1 条：付款时间
账单通常是双周（每两周一次）发放。

第 2 条：扣除部分
这些扣除项目在政府扣税之前从你的账单里直接扣除了（这是好事情）。它们可能被直接转到你的 401K 退休计划、健康保险、健康储蓄账户，或者活期消费账户，等等。

第 3 条：401K 退休计划
如果你拥有这样的退休储蓄账户，你可以根据公司待遇与 401K 退休计划的匹配程度，存尽可能多的钱。该项目下你的存款余额和从工资中直接划入退休储蓄账户的部分都会出现在账单上。

第 4 条：扣税
通常账单上会扣除三种税：收入所得税包含的联邦税、州税和当地税，它们用于资助政府建学校，修高速路，或者其他公共用途；你还需要为社会安全和社会医疗交税。

第 5 条：总收入和净收入
总收入是你扣税前的收入总和。净收入是你扣完税和其他抵扣款项后的数额。

把一部分收入转到罗斯个人退休金账户（Roth IRA），绝无戏言。大部分孩子把赚来的钱用于买汽油、衣服和其他个人消费品，如果你读过第二章，你也可以让孩子把这些钱攒到大学的时候用。但是如果有可能，你的孩子可以用罗斯个人退休金账户存一部分钱。这或许听起来更像是财经记者宣扬的观点，但是如果你的孩子能做到这一点，他真的非常明智。尽管这个账户是个人退休金账户，实际上它表述并不到位，应该称之为"眼看着钱在增加的好地方"，因为这个账户的存款利息永远不需要交税（这与银行存款账户不同，你每年都要交所得税）。还有一个好处是，你的孩子可以随时从罗斯个人退休金账户里取钱，无须交税，也没有任何惩罚措施。这个账户有一个有趣之处是，他只能把赚来的收入存到这个账户。

现在你可以引导孩子做个计算题。在他 16 岁的时候，他可以从暑期打工赚的钱里拿出 500 美元存到罗斯个人退休金账户，利率是 7%。把这些钱存在账户里不用管它，甚至高中、大学以及之后都不去动。当他 65 岁的时候（是的，他会有那么一天），500 美元可能涨到了 14 000 美元。如果可能的话，他每年额外存 500 美元进去，是的，每年存 500 美元到罗斯个人退休金账户里，到他 65 岁时就有大约 20 万美元了。当然了，每年存 500 美元，甚至只存一次对很多家庭来说都并不现实，但是有很多方法可以只花费大约 100 美元就开立个人退休金账户。（第七章我会详细介绍如何开立个人退休账户。）

这里还有一个附加的奖励：如果你的家庭申请大学的联邦助学补助，提交给学校的申请表不会要求你（或者你的孩子）说明在个人退休金账户里的存款。学校助学金申请表要求学生贡献 20% 的个人积蓄来承担大学费用，而个人退休金账户里的钱是查不到的，也就不会影响学校批给你的贷款额度。（注意：有个别学校的确要求提交个人退休金账户的余额。请参阅第九章关于个人退休账户和助学金的内容。)

　　稍微少做一些家务活。我知道，我一直都在跟初中生的家长宣讲家务活的重要性。为什么现在突然改变了说法？原因是，高中时期的学习生活远比以前更加紧张。你可以归咎于多个因素：超级疯狂的家长，重点学校与日俱增的竞争压力，孩子对自己的高要求。不管是什么原因，各种压力是真实存在的。我们通过许多的报道也了解到，现在的高中生面临着比以前更为严峻的挑战。他们要准备 AP 课程和美国高考，体育要达标，音乐课要考核，还有数不胜数的其他要求，更不用说堆积如山的作业。由此看来，清洗成堆的脏衣服和做其他家务活显得有些沉重了。但是，让你的孩子完全逃避家务也不是最佳方案。你可以让他们继续做一些基本的家务，比如清理桌子（当然不需要像医院里要求的那样边边角角都要擦得一尘不染）。如果你的孩子养成了很好的习惯，做一些简单的家务不需要任何婆婆妈妈的唠叨，他会坚持下去。如果你以前就坚持让孩子做家务，现在更不需要因为做家务的事情搞得全家不得安宁。

高中生做兼职工作的 4 条法则

　　如果你的孩子打算高中时期打工，下面是几条需要他严格执行的"军规"。

1. 上学期间，每周工作不要超过 15 小时，包括周末。如果超过这个时间，孩子的学习成绩可能会出现问题。研究显示，孩子每周打工超过 15 个小时有可能考不上大学，甚至极有可能从高中辍学。如果你的孩子想要工作更长时间，可以建议他利用暑假时间打工。

2. 学业第一。这听起来是顺理成章的事情，但是期末临近的时候，你孩子打工的超市为保证人手充足，很可能要求他多工作几个小时，他才不会顾及你孩子在学业上的前途如何。孩子有时不太擅长与成年人讨价还价，所以你应该去跟孩子确认这些事情，确定他的工作并没有影响到重要的考试或者学校活动。

3. 为大学攒钱。如果孩子赚的钱足够支付他的衣服、电子用品、网络游戏（你心目中的玩意儿），那么他也应该存一部分钱以备大学生活所需。而且，这也是他应该做的。此外，密歇根大学的研究员杰罗德·G. 巴赫曼（Jerald G. Bachman）把这部分钱称作是"未成熟的富裕"（premature affluence）。孩子或许会把这种自给自足的生活方式夸大，以为他们长大后完全有能力支付所有的生活所需（而不仅仅是额外的需求）。

4. 让工作成为申请大学的主要经历之一。如果你的孩子在兼职工作中取得了意义重大的成就，可以鼓励孩子邀请他的老板为他做大学入学推荐。有些大学非常重视实践经验，一封推荐信要包括所有细节。比如，你的孩子让鞋店的库存实现了自动化，或者你孩子开展的某一项全新的客户服务调研直接刺激了销售收入的增长等，这些都会让他的入学简历增分不少。

大学时期：找份兼职

你的孩子顺利进入大学后，你的主要关注点是他学业有成，以及还有一份带薪的工作。同时，他需要准备毕业找工作，那么你就参考以下建议助他旗开得胜吧。

上大学期间找一份兼职。 研究显示，上大学期间每周校内兼职时间在 20 小时左右的大学生往往比不做兼职的学生得分更高。其中一个解释是，这些学生通过校内兼职活动让自己更深入地融入大学氛围中，这种心理状态也会延伸到学术研究中。（有趣的是，这种趋势并没有影响到在校园外做兼职的学生。）还有一项来自加利福尼亚大学的对全美学生的调研显示，那些帮助父母支付学费的孩子，无论是否有必要，他们都更注重对自身教育的投资，因为他们在自己财务方面投入得更多。除此之外，不像高中课程那样繁重，大学课程通常每天只占用孩子几个小时的时间。许多孩子认为，打一份工可以帮助他们更好地规划时间。无论他在校内的咖啡馆工作，还是在学生会担任职务，或者在最喜欢的教授的实验室打杂，一份校园里的工作会提升他的学习成绩，还会给他带来一些额外收入，只要不占用他太多时间。

平衡无薪酬实习机会的优劣势。 有的学生想要在非营利性机构、艺术行业，或者在某些商业公司做无薪酬实习，只是为了能在自己感兴趣的行业积累经验。法律规定，只有当雇主提供的是非常重要的学习机会时才能提供无报酬的实习岗位。很显然，这个评判标准非常主观，所以雇主究竟如何公正地要求学生接受无薪酬的实习成为当下大家非常关注的问题。在最近一个备受争议的案例里，一群年轻的大学毕业生曾经于 2010 年在福克斯电影公司的《黑天鹅》（*Black Swan*）剧组实习，他们爆料说自己没有领到任何报酬。他们感觉自己做的工作很无聊，就是记录外卖的订单，给电影制片人寻找不会引起过敏的枕头，这些根本达不到教育价值的标准。（经过长达 5 年的法院审判，这个案子终于结案了。）尽管类似的案件在法院出现的频率越来越高，但是无薪酬实习带来的各种问题一直悬而未决。

　　不管法律判定的结果如何，重要的是，你的孩子如何判断一个特殊的实习机会，这个机会有可能成为职业的跳板，或者只不过是浪费时间。即使他在公关公司、医院，或者非营利性组织的工作只是负责清理垃圾，他有没有机会观察这个行业，进行深入学习？和孩子尽早讨论这些实际的细节问题。如果暑期的这份实习工作没有薪酬，而他又不住在家里，那么谁来支付他的房费和生活费？（你可以跟他解释，他的朋友或者同学可能也会接受无薪酬的实习，因为他们的父母支持他们这么做；而他却没有这样的条件，也不能做这样的选择。）他如何才能赚到下学期上学的学费？他或许晚上和周末还要做餐厅服务生，或者找点其他的兼职，40% 接受无薪酬实习的孩子都会这么做。他也可以咨询下学校，他感兴趣的这个实习机会是否可以帮他赚点学分，或者可以让他领一小部分薪水支付生活费。当然了，没有人保证无薪酬的实习机会能为他换来巨大的成就。但是请记住，暑假结束就要停止这样的实习，他需要在简历上增加其他的经验，或者学习其他新的生活技能。

　　即使你承担了很多学生贷款，也要考虑一下公共服务。大量的大学助学贷款并不意味着你不能做义务工作。有些公共服务项目，例如美国志愿队（AmeriCorps）、美国教育计划组织（Teach for America），以及美国和平部队（Peace Corps）都有可能帮你申请到贷款优惠。比如，全职的美国志愿队成员在服务后一年可以申请到一笔 6 000 美元左右的教育奖金，这笔奖金可以用来偿还巨额的学生贷款。在美国教育计划组织服务 2 年，参与者可以获得 11 000 美元，用于偿还现有的学生贷款。简单地说，那些曾经多年服务教育领域和参与其他公共服务的大学毕业生，可以有资格申请联邦贷款的特殊优惠。

如何有效地寻找工作

　　如果你的孩子马上就要大学毕业，但手上还没有任何的聘书，他也不用担心。尽管众多学校提供丰富的职业咨询服务，但是大部分的学生并没有好好利用这些资源。只要他遵循以下的步骤，他一定会发现其中的一些窍门。正如上大学时母亲告诉我："把眼睛睁大，工作自然会送上门来。"

　　不放过任何一个联系方式。几乎每位父母都曾属于某个俱乐部或者组织，或者他们的某位同事的侄子在金融行业，或者有堂兄在时尚圈打拼。如果你没有这样的熟人，鼓励你的孩子去梳理下他的人脉。鼓励他一定要对工作有想法，哪怕是最遥不可及的线索也要尝试。你要告诉他，羞于开口是很正常的，但事实上，许多专业人士非常乐意为对这个行业真正感兴趣的人提供建议。而且，最糟的结果也不过是对方拒绝你而已。

　　创造性地运用校友会的网络。我上大学的时候，父亲和我花费了很长时间梳理大学校友杂志上的文章，搜索那些在听起来有意思的行业里工作的校友名字。我给他们写信（当时可没有电子邮件），与其中一半的校友见面，并得到一个暑假在纽约管理咨询公司实习的绝妙机会。后来，我大学毕业后就成为西蒙舒斯特出版集团的助理编辑。（感谢苏珊娜·罗森克莱恩！）

打破常规。有时候，拥有一段不同寻常的经历——比如说，在黄石国家公园摆一个路边摊，或者在经济适用房非盈利组织做办公室助理的工作，都可能为未来的就业打开一扇门，而且研究生院也会在招生时看重这种经历，因为他们也在寻找拥有丰富经历和进取心的学生。另外，我也坚信，鼓励孩子到餐馆、超市或者商场的服装销售部门实习，也很有益。世上没有比在这些岗位工作更好的学习服务客户或者做生意的方式，更不要说学习了解人性、区分善恶等。比如，孩子在过去的经历中遇到过想用过期优惠券的粗鲁的客户，他被拒绝后还冲你的孩子大喊大叫，连他身后的人都对你的孩子指手画脚，相信你的孩子以后再遇到类似的混乱局面会表现得更加淡定。

拿起电话，让孩子联系他想到的每个机会。我知道，这都是老生常谈。但是，时机合适的电话问询或许会给孩子带来面试的机会，或者至少让对方记下你孩子的名字，让对方觉得这是一个认真对待工作的申请者。（当然，如果招聘广告上特意注明"电话勿扰"，就不要打电话。这里不需要什么复杂的理解，朋友。）

去参加每一场面试。如果你孩子得到了一个面试机会，他应该全力以赴，即使他对这份工作不感兴趣也要去。这是非常好的实践机会，而且他也有可能学到有用的知识，比如面试官可能会指出他简历上的瑕疵，甚至更糟糕的拼写错误。而且，你的孩子还可以借此机会询问关于行业发展的问题，了解这些常识之后用来应对其他的面试。谁知道呢？他可能发现，那些他划掉的工作机会可能比听起来还要炫酷。最重要的是，要让孩子明白，无论他做过什么，都不要贬损以前的同事。因为他不知道这些面试官认识谁，不管怎样，他对前同事的负面评价只会让对方对你的孩子产生不好的感觉。

⟨⟩ 成年初期：确保有收入

工作不仅给我们带来劳动报酬（我们的确要现实一点：报酬很重要），当然了，工作还会给我们创造一种归属感，让我们实现人生价值。既然你的孩子已经离开大学，下面的建议可以帮助他赚到收入。

不管怎样，先接受一份工作。你大学毕业的孩子有可能打算去谷歌公司工作，但是只得到了一份盖璞公司的邀请。那么这时你需要给予他来自父母的最重要的激励：全力以赴，做一个最优秀的 T 恤衫叠衣工／星巴克咖啡服务生／办公室助理。你在工作中的表现不仅仅影响到你的老板、同事和客户对你的评价，而且还会影响到你未来的收益。我朋友的侄子杰，想成为一名动物学家，并打算到研究生院深造。但目前他还需要工作好多年才能攒够学校的学费。大学毕业后他搬回家里住，在美国著名的宠物零售店佩科公司上班，在这里他可以继续从事跟动物生活有关的工作，帮助顾客照料宠物。他全身心地投入工作，这段经历帮助他申请到在旧金山动物园做实习生的机会。因此，不要让孩子以为从事了一份工作，他的未来就被固化了。当下流行的说法是，你的孩子至少应在某个公司工作两年，否则别人会认为他经常换工作，没有常性。但是当下的大部分毕业生都没有在同一个公司工作满一年。更短的适应期已经成为市场的常态。

获得报酬，才能继续生活。当你的孩子上大学时，一份免费的实习工作或许可以让他了解一些有趣的行业，并获得宝贵的经验。他毕业后，如果还保持实习的状态可能不太妥当。实习生对于雇主来说非常重要，但是实习对于一个真正想找工作的孩子来说是个死穴。（实际上，正如我在之前提到过的，许多实习生对他们的雇主提出起诉，是因为雇主无情剥夺并免费使用了他们提供的劳动。）除非你愿意无限期地资助你的大学毕业生，不然，你要清楚你能付多少钱——如果你能负担得起的话。如果你认为孩子的实习身份不会转为正式的工作人员，你也可以适时地告知你的孩子，或者你也可以帮他做一份有实际意义的简历。你想听听我的建议吗？当孩子做了6~9个月的实习生之后，他应该问下主管这份工作能否在年底转为全职，或者他也可以寻找其他可以支付工资的岗位。一定要打消他一直从事免费实习岗的念头。

明智地谈判。我的第一份工作邀请是通过打电话得来的，我当时就接受了对方提出的工资待遇。过了几分钟，我的新老板又打电话和我说，因为给的工资太低他感到十分内疚，想知道我的反应。"不，不，我觉得已经非常高了！"毫无疑问，他说："好吧。"结果就是，我的起薪就被锁定在这个极低的水平了。我并不是对这个故事引以为傲，但是它的确展示了讨论薪水是个多么令人紧张的话题，对于年轻人和女性来说更是如此，因为有研究显示，他们更不擅长与雇主沟通薪资问题。但是，合理的起薪水平真的非常重要，研究发现，大部分的薪水增长是在一个人工作的第一个十年期间，而增长多少则是以起薪为考查基数的。不幸的是，大部分人的建议都不太可取，因为这些建议总是劝诫人们无论对方出价如何都要讨价还价——这个策略带来的后果往往事与愿违。你的孩子需要根据真实情况进行谈判。

通常情况下，第一轮面试不会谈到薪资问题，所以他自己不需要提出这个问题。但是，他需要了解这个行业的正常薪资水平。建议他查阅相关的薪资网站，比如 Salary.com（薪资网站），或者 Glassdoor.com（玻璃门网站），PayScale.com（薪酬水平网站）。如果他认识在这家公司上班的人，他可以巧妙地咨询下，他们认为适合他的薪资水平是什么。研究发现，人们比你想象的更愿意与你分享他们的建议。女性尤其需要这么做，因为近年来女性毕业生与同等水平、同样职位和同样经历的男性相比，她们的薪水平均比男性低 7%。那个所谓的不要第一个开口谈薪水的传统建议不总是有效，所以，如果你的孩子被问到期望怎样的薪资水平时，他应该做好准备提出一个薪酬范围。如果雇主已经发出正式的邀请，而且给你孩子的薪水比较低，他应该礼貌地、清晰地说明自己期望更高的工资——或许他可以引用之前收集的行业通用数据，或者强调他在这个行业的丰富经验等。如果他不太确定，他也可以告诉雇主，他需要一天时间慎重考虑下，然后快速进行调研。但是如果他认为这个工作机会是十分难得的，他也可以直接接受。如果他认为不跟雇主讨价还价会显得自己很愚蠢，才去讨要更高的工资的话，这是大错特错的。在一份很有吸引力的工作面前表现得很激进，会让新老板对你有其他的看法。如果态度表现得很平和，更有可能让你得到你想要的。总之，在任何的谈判过程中，你的孩子都可以询问福利待遇水平，这大约占平均工资的 30% 左右。如果休假安排、教育助学金或者其他福利对你孩子来说很重要，现在也是让他争取这些福利的合适机会，或者他至少可以询问一下。你还要告诉他，一份与公司收入匹配的优渥的 401K 养老保险是非常重要的。

自己创业当老板固然很棒，但也意味着高风险和高强度的工作。随着美国 ABC 电视台播放的创业真人秀节目《创智赢家》（*Shark Tank*）红遍全美国，创业的热潮也高涨不退，同时催生了大量的研究院和孵化器机构对创业的激情推波助澜。毫无疑问，德勤咨询公司（Deloitte）进行的一项调查研究发现，大约 70% 的千禧一代①拍摄的照片显示他们在某个场所独立办公。然而，在这个美好的创业家的梦里，人们往往忽略掉了这个目标是多么难以实现。1/3 的新创公司在 2 年之内关门大吉，1/2 的创业公司在 5 年内倒闭。

对你的孩子而言，了解这些是很重要的，他自己可以像一个企业家一样投入地工作，而不是把创业作为工作方式。我并

---

① 千禧一代指 1982 年到 2000 年出生，即出生于 20 世纪，且在 21 世纪之前未成年，跨入 21 世纪以后达到成年年龄的一代人。——译者注

不是说，你的孩子创业一定不会成功，而是说，你的孩子要想创业成功，他绝不是靠一个花哨的幻灯片和逻辑严谨的商业计划书就能实现梦想的。《哈佛商业评论》发表的研究结论指出，当一个孩子刚刚大学毕业时，他的精力充沛（而且，很有可能，没有任何家庭负担或者需要定期偿还的房贷），可以接受长时间低收入的工作，为实现自己的梦想打基础。通常在纽约创业的科技新秀并不是常春藤学校的辍学者，而是已经获得大学学位，在 31 岁创办自己的公司，并且在创业之前已经在这个行业里耕耘了数年的资深人士。

把手上的工作做好，而不是挑三拣四。你的孩子可能已经信誓旦旦，开始在网站上搜索如何利用技术开启自己的工作之旅，但是现在，他应该首先了解，如何才能充分利用现有的办公环境。首先，一定要鼓励他成为公司不可或缺的一员。丽萨现在是纽约某所著名大学的校长，她回顾说："当我刚开始工作时，我和一群小伙子共事，需要有人做会议纪要。他们都认为这是很低级的活儿，只有我自愿报名。老板看到我的笔记时，他说记录得太精准了，并要求我主笔写一份报告。我从来不会拒绝这些要求。"重要的一点：虽然你的孩子从事的工作与别人没有什么差异（甚至还是些琐碎的工作），但是在这一天结束时，这些经历对他来说都有重要的意义。

第四章

不要借债

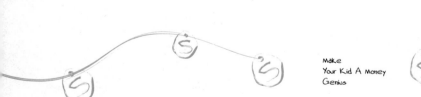

Make
Your Kid A Money
Genius

赛娜大学毕业几年后，她以为她可以解决贷款的问题。她毕业于常春藤院校，在一家小报社工作了几年后，转到一家顶级的写作俱乐部。当然，她还有学生贷款没有还完，读研究生的话还需要继续贷款，但是这些对她来说从来不是什么问题。当她需要现金的时候，她通过刷几张信用卡来补足贷款差额——无论是假期出去度假，买某节课的参考书，还是给汽车加油。

"我二十几岁的时候总是告诉自己'有一天我会还上这些钱的'。"赛娜回想当年的情景说。

当她毕业的时候，她的信用卡已经欠了 1 万多美元，还有 25 000 美元的学生贷款，这就是残酷的现实。赛娜每晚都无法入睡，为她的债务忧心忡忡，为每一张信用卡的欠款和学生贷款感到苦恼，最后几乎要崩溃了。尽管她幸运地找到了一个文学网站的工作，但这是她能够接受的唯一一份工作。由于这份工作收入比较低，她不得不卖掉自己的汽车，和别人合租一个房间，还得利用晚上和周末的时间去餐馆打零工。即使这样，她的收入也只能偿还最低还款额度。

"等我把所有欠款还清，我已经三十多岁了。"赛娜说，"这么多年过去了，我还是后悔之前买的每一双鞋子、每一条裤子，还有我去餐馆大吃大喝，以及刷卡看过的那些电影。而现在，我整个人完全被以前每一次刷卡消费绑架了。"

是不是觉得这个故事听起来很熟悉？那么我相信不只你一个人这样认为。

或许你也和赛娜一样。或者你的孩子是这样，或者他正在成为赛娜这样的人，因为总有人和她一样拥有类似的消费观。

在最近的一次调研中，我曾问及参与调研的父母人生最大的财务遗憾是什么。排名第一的就是他们希望少借款。最令人吃惊的是（或者最令人沮丧的是），大部分的父母不知道如何让他们的孩子避免犯同样的错误。

毋庸置疑，债务以各种各样的形式存在于我们的生活中，不可避免。我们的孩子从小就看着我们轻松刷下卡之后，就能买到我们想要的东西。我们上中学的孩子，他们看见自己的朋友从父母手中拿来借记卡，他们也想有自己的卡。尽管现在针对大学生申请信用卡的监管条例变得更加严格，但是他们仍然能够比以前的大学生申请到更多的学生贷款。

2007 年到 2010 年，美国的经济衰退至少导致一项消费指标在攀升：许多年轻人更容易冲动刷卡。有些时候借钱的确是有意义的，完全不借款也会带来一些问题。比如说，申请合理的联邦学生贷款支付高昂的大学费用是十分明智的，因为对于一般的毕业生而言，他们毕业后赚的钱比没上大学的孩子赚得多。在条件允许的情况下，如果贷款买房选择到位，从长期来看也是明智的投资。但是请记住，在你财务生活的许多方面，最好不要借钱去实现你的目标。

帮助我们的孩子真正有效地处理债务问题，意味着你不只是警告他们贷款利息有多可怕，以及接到债权人的催债电话多么令人烦恼。为人父母，你要提出更加有说服力的说辞。你要告诉他们，尽管刷卡消费已经成为美国人的生活方式，但是生活水平超出自己的支付能力绝不是长久之计。很显然，如果你只是说债务本身的问题，是很难打动孩子的。本章就会帮助你，传授给孩子处理债务的健康方式。

幼儿园时期：不要一味满足孩子，控制消费尺度

这个阶段是教育幼儿了解债务基本概念的理想时期：我们需要为我们想要的东西买单，刷信用卡是其中一种方式。但是，不管我们多么想要某些物品，我们也不可能把它们全部买下来。下面是几条简单的原则。

买东西是要花钱的——无论是用现金还是刷信用卡。在孩子的眼里，获取东西的方式是神秘而且超级简单的。杰西卡带着她4岁大的儿子在塔吉特超市买东西，当她抽出20美元的钞票给收银员时，她被儿子的话惊到了："妈妈，不要付钱，用你的信用卡。"她从来没有意识到，她的儿子之前一直在观察她如何付款，他甚至领悟到，刷信用卡是避免付现金的一种方式。所以，你要尝试用以下方式引导孩子：你下次在超市买东西时，告诉你的孩子选一件价值1美元的东西。然后拿出4个25美分的硬币，一张1美元的钞票和一张信用卡，向他解释，他可以用任何一种方式来支付这1美元。让他来做选择，并让他看看你是如何支付的。

买东西不能随心所欲。阿曼达的父母工作十分辛苦，仍然经常入不敷出。所以当她有了女儿艾拉之后，无论艾拉想要什么，她都努力去满足她，不让艾拉受自己小时候受过的委屈：什么芭比娃娃、巴宝莉的裙子、马丁靴等都没有。阿曼达认为，艾拉只有4岁，她还有大把的时间来学习如何等待自己想要的东西。但问题是，阿曼达这么做对孩子的成长来说十分有害，她没有及时

告诉艾拉买东西是要有节制的，她不能像一个人肉信用卡一样有求必应。杜克大学心理学家泰雷·墨菲特（Terrie Moffitt）带领的研究人员观察了 1 000 名孩子从出生到 32 岁的生活轨迹，他们发现，那些从小就很难控制自己的孩子，在成年后信用卡消费的问题会越积越多，这是不是有点意思？

帮助你的孩子从小锻炼自控能力。在你日常逛街或者去商场的时候，无论孩子要什么，都不要额外给他买没用的小玩意儿，你要把这种规矩变成常态。这将给孩子强化一种信息：在商场里购物并不意味着你会满足他所有合理或不合理的购物冲动。预先设下标准，控制消费的尺度不仅会避免你在日后不停地唠叨孩子花钱太多，而且在他未来拥有自己的信用卡时会对他有更大的帮助。

小学时期：制定消费底线

从幼儿园开始，孩子的消费就进入了快车道。"我想要这个"转变成"我需要这个"，最后直接变成"我是唯一一个没有这个东西的人"。如果你听到孩子总是想要某个品牌或者带某个标志的东西，或者评价什么东西好酷，而别的不够酷之类的，甚至为此胡搅蛮缠，你一定会感到十分恼火。小学时期正是最好的机会，你可以语气和蔼而态度坚定地告诉他，消费底线是什么。至于什么才是最酷的，祝你好运，希望你能给孩子说清楚。

用信用卡买东西会让你花得更多。从二年级开始，你的孩子可能会理解下面这几句话的大部分内容："当我刷信用卡购物时，相当于我从一家贷款公司借钱。这家贷款公司替我支付了购物费用，并开给我一张账单。如果我不能按时偿还足够的金额，它会收取我更多的钱，也就是利息。"讲到这里最好给孩子提供一个案例。比如说，你买了一块巧克力，用信用卡刷了 1 美元。如果你不能及时还掉信用卡的 1 美元，过期后需要支付利息，到时候这块巧克力可能值 1.25 美元，甚至更多。关键是，刷信用卡会给人们购物带来极大的方便，人们购物时不需要随身携带很多现金。如果你刷了卡，而且在你收到账单后及时全额还钱了，你就不需要支付额外的利息。但是，如果你使用信用卡购买了你无法支付的物品，结果就是你在浪费更多的钱。

不要在线提交个人信息。你需要多次跟你的孩子强调这一点，越早越频繁越好。一定要说清楚，他不能在网上提交以下信息：你的名字或者他的名字、你的家庭住址、他的生日、他的学校、他的电话、他的邮件地址、全家的照片、你的网站登录密码、你的社会安全号码、你的信用卡号码。没有得到你允许时，他不能把这些信息发给任何人。这些信息对于网络犯罪者而言是极其宝贵的数据，可以用来窃取你的财务信息或者你孩子的身份信息。

如果你能限制孩子登录的网站，保护你和孩子的身份信息会更容易。以下技巧你可以借鉴。网站会针对 13 岁以下的用户进行某些特殊的限制，来保护未成年人和他们的个人信息，这就是为什么许多网站不允许 13 岁以下的孩子注册账户的原因，包括像脸书和 Instagram（照片墙）网站都是如此。如果你想进入下一级别，你可以仔细阅读你的孩子想要登录的网站上关于个人隐私信息的说明，你会发现许多网站收集个人信息数据的手段有多么可怕。当然了，这些网站会特别注明，即 13 岁以下的儿童不能申请个人账户。你可以直接告诉孩子："我们来看看这个网站，它说 13 岁以下儿童不得注册账户，我们得遵守。"

不要给你孩子信用卡号码——永远都不要。娜塔莉告诉我，有一次她 6 岁的孩子正在玩电脑游戏，她在旁边做家务。"他开始问我一连串奇怪的问题，比如我们家的住址是不是河边公园街道 220 号之类的。"她回想道。大约问了 5 分钟左右，她都心不在焉地回答了，这时候儿子开始问她的信用卡号码，当然了，娜塔莉马上变得严肃起来。她发现儿子正在在线预订一个动漫玩偶。"这是我们第一次讨论，哪些事情在网上可以做，哪些不可以做。"她继续说道。

大部分这个年龄的孩子喜欢逛商店，或者在网上浏览。无论你的孩子在网上购买一个电脑游戏、一部电影、一个小程序，还是一首歌，他都会需要你的信用卡或者储蓄卡信息。虽然最简单的方法是在你家人所使用的各种网站上输入和保存你的信用卡信息，这样你就不必每次都输入，但是千万不要这么做。请留意，即使你只是某一次购物时录入了信用卡号码，但之后在许多小程序或者网站上都会弹出一个小窗口，提示你可能不需要再进行单独授权就能完成下次的购物支付。所以，要给自己定一条规则，不要给你孩子信用卡信息，这样他只能亲自录入网站信息，因为当他自我控制力特别脆弱的时候，那种购买的欲望是异常强烈的。（告诉他，并不是你不信任他。你的原则是，你自己是唯一一个可以使用信用卡的人，从无例外。等他以后拥有属于自己的信用卡之时，这也是非常棒的建议。）此外，当你在网站上而不是在商店里为他购买物品时，告诉他，这笔钱日后是需要他偿还的。不要认为这么说太奇怪或者太吝啬。这跟他在商店里买他想要的东西毫无二致，长大了还钱是成交的前提。

初中时期：给孩子灌输关于债务的重要道理

这个年龄段的孩子对于信用卡充满了各种幻想，而且也能理解信用卡是如何使用的。尽情发掘他们的好奇心，以及他们求知的欲望，告诉他们关于债务的重要道理。

使用现金。当林恩13岁大的孩子玛雅提出要和她的好朋友一起去购物时，玛雅告诉林恩，她的好几个同班同学都是拿着父母的信用卡刷卡，这样就不用抱着大把的现金在商场里蹿来蹿去。林恩知道，那些孩子的父母都不是过度放纵的父母，都给孩子设定了最高消费的限制。但是，林恩还是只给玛雅现金，她说："我知道，当玛雅去收银台交钱时，如果她的账单比我给她的50美元只多了 1 美元，她也不得不做出艰难的选择，把某样东西退回去。这就是使用现金与使用信用卡的区别。"

林恩的想法很正确。麻省理工学院一项著名的研究发现，如果使用信用卡购买同样的物品，人们愿意花比现金多一倍的钱进行消费。不仅仅是信用卡，所有非现金的支付方式都会刺激我们购买更多。储蓄卡和预付卡也不会让孩子对购物产生任何的压力。研究发现，当人们购物时，从钱包里直接掏现金支付比简单地刷下卡，更让人感到"心疼"。一项全美国的调研发现，孩子们用储蓄卡比用现金花在午餐上的费用更高。（有趣的是，使用储蓄卡的人们看起来花钱也毫无顾忌，愿意买更多的炸鸡块、糖果，而不是水果和蔬菜。）尽管大部分人认为预付卡上的金额有限，就推荐给孩子使用预付卡，作为现金的替代品，但是我认为还是用现金支付才会让你的孩子在购物时有所顾忌。当然，使用现金的弊端就是，如果孩子把钱丢了，那就真的丢了。但是，这也是值得获取的教训，对吧？

理解什么是"净值"。当孩子开始在学校里学习负数的时候，你可以利用这个机会给他解释债务，就是负债表上的"负数"。我的意思是，比如你欠某人 10 美元。即使你口袋里有 6 美元，你也没有其他钱了。你不久会将手中的 6 美元还给借你钱的人，此时你手上只有个负的 4 美元。这就是净值的概念：你拥有的钱减去你欠别人的钱的余数。而这个概念是很多成年人都不理解的。

信用卡利息会杀了你。好吧，或许不应说是杀了你，而是会让你痛苦万分。这个阶段非常适合你向孩子传递一个信息：如果你为信用卡支付利息，就是浪费钱。这里需要对孩子解释一下，如果你欠信用卡的钱，而且没有按时还款，你需要在原来借钱的基础上缴纳一定的利息。起初借的这部分资金，叫作本金。如果你下个月仍然没有还上所有的本息，你不仅要支付本金的利息，而且要在利息的基础上再支付利息（叫作复利）。一旦利息开始复合计算，你的债务就会增长很快。或者，换句话说，如果你每个月不能全额还上信用卡欠款，你将支付很高的利息，经过一段时间之后，这个数额没有上千，至少也是上百美元。

那如何用数字来帮忙，避免这种情况发生呢？告诉孩子，如果每个月只偿还信用卡公司计算的最低还款数额，你要买的物品将变得非常昂贵。（信用卡公司计算最低还款额的方式各不相同，所以以特定公司的算法为准。）当你孩子想要买平板电脑时，告诉他：如果用现金买，只需要 500 美元；但是如果用信用卡支付，利率是 19%，每月只还最低还款额的话，可能需要用 4 年时间还完全部贷款，平板电脑将一共花费 716 美元。和你的孩子一起参考下第 99 页的表格，研究几个其他的例子。他就会明白其中的道理。

拒绝使用商店定制信用卡。当你在服装店或者百货公司购物时，所有收银员几乎都会游说你申请商店定制信用卡——经常可以直接打 9 折或者 8 折。下一次，当你和孩子一起去购物时，可以充分利用这次机会让孩子亲身体验。你可以当着孩子的面直接询问店员，办理商店信用卡的利率是多少。一般情形下，甚至连店员都不知情。毫无疑问，你就可以直接回绝他。只要一跨出商场的大门，你就可以给孩子解释下拒绝店员的原因。通常情况下，商场会员卡的利率是相当高的，基本是 20% 或者更高。如果你每个月不能还完全款，利息将会让你花得更多，甚至远远超过最开始给你的任何折扣。告诉孩子，商店信用卡的利率比一般信用卡的利率高多少。（如果你的信用卡利率已然很高了，那就重新换一张利率低的信用卡！）当然也有特例：如果你每个月都能还完全款，而且你经常光顾某家特定的商场，因为它经常会提供折扣，或者派发其他优惠券、奖励券，这些券可以用在你日常的消费上，那么定制一张商店信用卡的确能帮你省一笔钱。

信用卡最低限额的真实成本

用信用卡购物还要保持收支平衡，这的确是令人难以想象的昂贵方式。通过下面的例子，我们可以试着与孩子进行沟通。表中所有的数值都是按照 19% 的年化利率来计算的。

表 4-1　信用卡支付与现金支付的价格差异

项目	最初购买价格	支付月数	真实成本（含利息）
返校衣柜	300 美元	25	364 美元
笔记本电脑	829 美元	96	1 548 美元
全家去大峡谷旅行（4 人往返机票及酒店预订）	2 400 美元	202	5 606 美元

※ 所有的每月最低还款额都是根据 CreditCards.com（信用卡网站）上的计算公式算出的，应计利息加上 1% 的当前余额，通常都是按照最低的 15 美元来计算的。

糟糕的消费习惯会损害你的信用，也会让你损失大笔金钱。这个年龄的孩子非常在意自己的名声，以及同龄人对他的看法。你可以告诉你的孩子，成年人也会在意别人对自己的看法，借钱的人也是如此。如果能够及时还钱，就可以树立良好的个人信誉，也会让借钱的人对你产生信任，会爽快地借钱给你。这种信用也是可以进行量化的，成年人会根据不同情况用不同的数字来打分，比如信用积分，这代表一个人还钱的潜在能力。（做好心理准备，你的孩子有可能会问你自己的信用如何。如果你很勇敢，就登录信用评价网站 CreditKarma.com，给他展示一下。）当你的家庭在进行昂贵的大采购计划时，比如买一辆车或者一套房子，你就可以很明确地表示，你可以申请到多么优惠的贷款或者按揭贷款产品，这都是你良好的信用积分换来的。

购买大件物品时，带着孩子一起买，并给他解释你是如何付款的。当然，教你的孩子学习债务的知识不但要告诉他什么是他不能买的，还需要告诉他如何才能得到他想要的东西。这就意味着，要向他展示如何才能控制收支平衡，实现财务目标。在这个年龄，你的孩子可能开始询问你，如何才能买一栋房子，或者买一辆车。如果他有年长的哥哥或姐姐，他可能更加关注大学生活，盘算着大约需要多少花费。还有可能，他想买一条昂贵的牛仔裤，或者头戴式耳机，希望自己也有一张信用卡可以刷一下就买到心仪的东西。当你买一辆车的时候，你就可以带着你的孩子同行。同时向他解释，借钱是一种十分严肃的承诺，只有你非常需要的时候才能去借钱消费。

判断出孩子信用报告里的诈骗征兆。盗用孩子身份的情形在现今社会的普遍程度令人震惊。如果你的孩子在邮件里收到信用卡邀请信，或者美国国内税务局的所得税欠缴税单，或者他接到支票催收人的电话，你不要以为是莫名其妙的系统失误而置之不理。这些事件都为你亮起红灯：有人正在盗取你孩子的财务记录。其中一个问题是，债权人和雇主没有办法根据社会安全号码来判断孩子的年龄。如果有人盗用了你12岁孩子的社会安全号码，谎称他24岁（这些盗用孩子身份的恶人最惯常的伎俩就是用孩子的社会安全号码配上其他的年龄），这些都会写进孩子的信用记录，直到你发现这些问题。有一件事情值得关注：通常是你孩子认识的某个人在盗用他的社会安全号码。

如果你怀疑有人在盗用你孩子的身份，你需要检查孩子的信用记录。如果你的孩子14岁或者更大一些，你可以在年度信用报告网站（AnnualCreditReport.com）上免费查询记录。（目前有几个类似命名的网站都声称自己是免费的，但实际上不免费。）如果你的孩子不到14岁，你不得不直接去相关征信机构查询，包括益睿博（Experian）、环球个人信贷资讯（TransUnion），还有艾克菲（Equifax）。查询身份盗用情况的过程是免费的。如何查询，以及你发现盗用后应该如何处理，你需要到美国联邦贸易委员会（U.S. Federal Trade Commission）网站搜索关于儿童身份盗用问题的说明。我不得不诚恳地提醒大家：这个过程如梦魇般痛苦不堪。

⌇⌇ 高中时期：与孩子讨论现实问题，填补孩子的常识漏洞

在这个时期，孩子想了解汽车贷款是怎么回事，以及信用卡到底能做什么此类更深奥的知识。你的工作就是填补他们的常识漏洞，开始和他们讨论一些现实问题，包括学生贷款，以及这些借款对于未来意味着什么。下面的技巧可以帮助你，让你的孩子为借钱做好充足的准备。

十二年级之前坚持用现金消费。在美国大部分的州，不到 18 岁的未成年人不能独自申请信用卡，而且他们在 21 岁之前使用信用卡还会有诸多的限制条款。但是，他有可能会要求借用你的信用卡，或者要求你把他列为你账户的授权用户。在这个问题上，不要做任何让步，你也不要给他关联你的账单的储蓄卡。当然了，去自动取款机取现金给孩子的确是个麻烦的事情。而且，当他在十一年级或者十二年级时，他有可能是唯一一个还在用现金消费的孩子，而他的朋友都有储蓄卡，或者在使用父母的信用卡。但是，只要你能坚持下去，这的确是一个明智的选择。现金会有用光的时候，这就意味着，你的孩子会看到手上没有一分钱的情形。而且要记住，研究显示，如果用刷卡付款的方式，人们往往会愿意付出比现金多一倍的钱。这也使得储蓄卡和预付卡几乎没有任何说服力，很难让你的孩子留意到自己的消费。如果你的孩子有自己的账户，到高年级的时候，他可以申请一张储蓄卡。一定要确保他的存款要存放在另外一个单独账户里，而不是与这张储蓄卡

关联使用，并且要做预防透支的保护措施。通过这种方式他可以了解到，一旦自己的卡被拒刷了，表明自己的消费已经到达上限了，有限度的消费不会让他因为透支而支付一笔额外费用。

只买你现在能够支付得起的物品。如果你在孩子很小的时候就给他上过这堂课，那么非常棒。但是如果没有教，也不需要自责。教育的事情永远都不会晚，阅读了这本书就表明你正在采取行动。所以，你可以给他这样解释：如果你本来买不起某件物品，却还是用信用卡买了；当你收到账单的时候，你不能一下子还清所有欠款，那么你将不得不支付高额的利息；这个利息会逐渐累积，即使不是上千美元，也有可能累积到上百美元。比如，我有个大学同学，他几乎每天晚上都会刷信用卡买比萨吃。尽管比萨两口就吃完了，但是我的朋友却付不起每月的账单，最后这笔债一直到他毕业都没有还清。这种故事对这个年龄的孩子来说非常有效，因为他们以为只有大额的花费才会把自己拖垮，没想到这么小的事情也会让自己的债台高筑。

每年查询一下你的信用报告。联邦贸易委员会建议所有的家庭都要在孩子16岁的时候，查询下他们的信用报告。你可以和孩子坐在一起，登录年度信用报告网站，到三个免费征信网站进行查询。当然了，大部分的孩子都没有信用报告，因为他们既没有贷款也没有信用卡，所以你可能什么都查不到。如果你的确发现了什么异常信息，一定留意这可能是孩子的身份信息被盗用了，你需要按照联邦贸易委员会的指示进行深度查询。

　　利用这个机会，向你在上高中的孩子解释信用报告的内容，以及为什么要保持没有污点的良好的信用记录。要和他讨论，每年查询一次信用报告的必要性；和他解释，1/4 的信用报告可能会有错误。有的是些不足道的错误，比如写错了地址，但是，5% 的报告里会有真正的错误，比如可能错误地将其他信用很差的人的信息记入了孩子的报告中，这将直接影响到孩子能否申请到信用产品的优惠，也决定他信用产品的优惠力度。

　　警惕借给朋友钱，或者向朋友借钱的行为。杰克是我朋友丽萨的儿子，他因为借钱的事情吃了一次大亏。他和他的朋友格斯一起在课后参加减肥训练班，而且沉迷于此。格斯想要买一个重量训练椅，但是没有钱买，所以杰克就帮他付了款，当时俩人的约定是可以共同使用这个训练椅，而且格斯日后会还钱。当这个学年结束时，格斯再也付不起了。杰克也不愿意从他那里拿走训练椅，就这么不了了之了，他们的友谊也就此结束了。孩子们通常都很大度，尤其是对待朋友，但是令人悲哀的是，这时的友情常常会因为背叛戛然而止，还会令彼此格外失望。这就是经验法则：不要向你亲近的人借钱。如果你真的想在朋友有困难时帮他一把，就把它当作一份礼物馈赠给对方，不要指望着他会还钱。（如果你这么做，也可以把这些钱当作是给朋友的奖励。）这里的教训就是，如果你承担不了损失，就不要借钱给对方。如果你遇到窘迫的情况，除非你能够马上（比如 24 小时内）还掉朋友的钱，否则不要借朋友的钱。要不然，可能最后连朋友都做不成。

记住你的社会安全号码，不要和任何人分享你的银行卡密码或者信用卡密码，包括朋友在内。我朋友的女儿克拉拉住在洛杉矶，有一次她丢了钱包，里面有她的身份信息和飞机票。她身边除了一件装满游泳衣和沙滩裙的行李箱，其他一无所有。在机场，她不得不向安检人员解释自己的悲惨遭遇。为了能够按时登机，她被问了无数的问题，包括她的社会安全号码等一系列问题。幸运的是，她当时刚好记住了她的社会安全号码，才能够顺利登机。即使这种突发事件不会发生在你孩子身上，有时候他们在高中时期也还是有可能会面临被问及社会安全号码的情况，比如填写新工作的申请表，或者财务援助的表单等，所以把这串数字记在脑子里是个好习惯。

但是个人信息一旦落入坏人手里是很危险的。比如，有人可能会利用你的社会安全号码和你的名字申请信用卡，或者使用你的银行卡密码或者信用卡标识号登录你的银行账号。所以，你的孩子只需要记住这些个人信息就好，不能跟其他人分享。

在这个年龄，孩子们大都无限制地信任他们的朋友。所以一定要跟孩子强调，把银行卡等重要的财务信息进行保密是多么必要，并且(尤其是)不能告诉那些最亲密的朋友。你可以向孩子解释，如果有人给他打电话询问他的社会安全号码，千万不能告诉对方，即使对方声称自己是银行的工作人员或者学校老师。不仅如此，你的孩子挂掉电话后，马上要给他的银行或者学校打电话再次确认，这些信息是否是必须要提供的。

不要给你的孩子买车，也不要和他共同签署汽车贷款申请。如果条件允许，当父母的总有为自己的孩子准备一辆爱车的冲动。但是，从理财的角度来看，这真的不可取。首先，高昂的大学学费才应该是当务之急。如果你的孩子真的需要一辆车，鼓励他自己攒钱，可以暑期做兼职，通过几年的努力他也可以买一辆不错的二手车，这远比一手车经济实用。如果你愿意的话，你也可以为他补足不够的车款。如果你的孩子说："我想申请汽车贷款。"你可能马上会考虑共同签署贷款产品，但这是糟糕的主意，因为如果你的孩子不能及时还款，这将会直接影响到你的信用。在你的汽车保险里增加孩子的名字，也会提高你的保费。

解决学生贷款的问题。大部分的家庭需要借钱来支付大学学费。孩子刚升入高中时，你就要给他解释这个道理，让他知道他未来有可能也要申请学生贷款。你告诉他，你会帮助他找到合适的方式，虽然借款的数额不多，但非常有必要。如果申请学生贷款，这也可能变成一个很不错的投资。第九章会给你讲述关于财务补助的所有问题，以及如何申请学生贷款。

什么银行卡适合你的孩子？

使用银行卡的主要问题是，孩子们觉得刷卡好像是在使用他们的专用财产，以至于当他们不带现金时，花得就会比设想的要多。以下有许多卡可供你选择。想要了解更多关于这些银行卡如何影响你孩子信用的内容，请参阅第 111 页表格。

预付借记卡。你可以在许多零售商店或者在网上购买预付借记卡，预付借记卡可以在任何地方使用，它跟商场的礼品卡有很多类似的功能。你自己可以决定预存多少钱在这张卡上，许多卡种是可以充值的。但是，预付借记卡的服务费包括每月维护费、激活费，以及自动取款机服务费等，所以使用成本比较高。

底线：虽然越来越多的父母宁愿给他们的孩子规定消费上限，也不愿直接给现金，但我认为可以忽略这种选择。如果直接给孩子现金，他们就会经受花掉手中美元的痛苦，花钱时也会更加谨慎。

储蓄卡。你从银行可以申请储蓄卡，直接用来购物或者从自动取款机取现，这些钱是存在你的活期账户或者储蓄账户里的。如果你的孩子不够年龄——比如不满 18 岁或者 21 岁，根据不同的州的不同立法规定，他或许不能申请储蓄卡，或者银行会要求他和你共用一个账户，储蓄政策也会发生变化，所以具体情况需要咨询你的银行。而且大部分银行提供透支保护措施，这意味着他们可以在你活期账户余额不足的情况下借给你钱，但是他们也要收取一定的透支罚息和所谓的"礼节性"透支费，这些加起来可能也是一笔不少的费用。

底线：不要给你的孩子申请任何关联你活期存款的储蓄卡，因为这意味着他可以毫无限制地花费你的钱。最佳选择是，让他开通自己的活期账户，这样可以关联自己的储蓄卡。如果他的年龄还太小，不能申请，但又因为某个特殊原因需要关联银行卡（比如说，到国外旅游），你可以给他开一个独立的账户，然后关联到你的账户，让他通过储蓄卡转账。

授权信用卡。这种信用卡允许你用自己的信用卡授权其他信用卡进行消费，比如给你的孩子，他通过自己信用卡进行的消费将记入你的信用卡消费记录。因为是你支付所有的账单，所以你的孩子拥有该账户所有的权限。在我写这些内容时，只有一家信用卡发行人——美国运通卡允许你设置授权使用人的刷卡限额。许多父母给他们的孩子申请授权卡，是认为这样可以让他们的孩子建立信用记录，但是事实并非如此，因为许多银行并不向征信机构提供附属卡使用者的信用记录。而且，如果你不能支付孩子的账单，反而会在你的征信记录上狠狠记下一笔不良记录，这就是为什么密切监控账户的活跃度是非常重要的。

底线：你孩子使用授权信用卡可能会非常方便，比如说，当他上大学期间遇到紧急情况，或者产生特别费用的时候。但是，一定要三思，你是否需要这么做。如果你决定给他开卡，就要设置明确的用卡规则，让他知道这只是一个临时的安排。

联名卡。这种信用卡适用于不够资格独自申请信用卡的人，比如申请人自己赚钱能力不够，没有足够长的信用历史，或者没有足够良好的信用记录，需要责任人（比如父母之一）在信用卡上共同署名。在这种情况下，你的孩子也会收到账单，而且可以建立自己的信用记录。但对父母而言却有极大的不利之处：你的孩子有权利进行支付，如果他的信用记录出现问题，你不仅要负责付账单，你的信用积分也会影响，孩子的积分同样也会受到影响。

底线：最好不要这么做。真的不要这么做。如果你的孩子因为年龄太小或者财务上不符合要求，不能申请到自己的信用卡，那也不要为他申请联名卡。

担保信用卡。这种卡适用于客户（比如你的孩子）想要建立良好的信用，但是因为信用记录太短或者过去出现过违约情况，而无法获得正常的信用卡的情形。它们跟正常的信用卡基本类似，但最大的区别是，使用担保信用卡需要先把钱存进发行方的一个专门储蓄账户，作为担保金。所以举个例子来说，如果你的担保信用卡有300美元的信用额度，那么你需要提前存300美元在这个专用账户里。信用卡的发行方会冻结这300美元，这笔钱不会用来支付你的账单，所以你每月还需要正常还款。有时候，如果你连续几个月都能按时还款，发行方可能会提高你的刷卡额度，而无须预存相应的保证金。大部分的担保信用记录会上传到主要的征信机构，但是不是所有的发行方都这么做，所以如果你的孩子用这样的信用卡购物时，需要核实记录留存情况。而且，担保信用卡现在也开始收取较高的利率，每年的年费基本在25~49美元之间。

> 底线：如果你的孩子无法获得正常的信用卡，这是个很好的选择。
>
> **孩子名下的正常信用卡。** 十年前，整个大学校园市场被各种信用卡公司抢占了，它们争相给学生兜售各类信用卡。现在则不同，大学生比较难申请到自己的信用卡。联邦的法律规定，不满21岁的学生不能申请信用卡，除非他们拥有成人联名卡，或者有足够的收入支付账单。至于足够的收入标准则是因银行而异，有的银行需要一份工作证明，其他银行会计算父母的收入，或者将奖学金、学生贷款等作为潜在的还款来源。（如果你这么想的话，这是多么可怕。）许多孩子都会突破这些限制，找他们的哥哥或姐姐，或者朋友，与他们联合署名，这真的是很糟糕的想法。
>
> 底线：尽管你的孩子很想要一张信用卡，但要等到他大学高年级的时候再让他申请。

◖⋯ 大学时期：正确使用信用卡

有时候，你的孩子需要借钱来支付大学学费，这也可能是他需要申请一张自己名下的信用卡的原因。如果他执意要这么做，以下几点是他需要注意的。

找学校附近的银行。或许你的孩子拥有离家很近的某家银行的普通支票账户。如果这是一家地区性或者全国性银行，他需要核实学校附近是否有该银行的分支机构。如果有，他可以在上学期间继续用这张卡。道理很简单：他可以使用储蓄卡花钱，从便利的自动取款机免费取现，把支票存进他的账户。如果你家附近的银行在学校周边没有分支机构，他可能需要换一个学校当地的银行或者信用联盟，为他提供免费刷卡，或者便利的手机移动端支付方式，并可以让他在学校附近的自动取款机取款（避免交纳服务费）。信用联盟通常对存款余额要求比较低，可以免除每月的服务费，而且提供较高的存款利息。

　　但凡涉及银行业务，就不会像大家想的那样简单。比如说，我的朋友艾伦在女儿吉蒂上大学一年级之前，给她的支票账户里存了 1 000 美元，并告诉她，这些钱可用于买书本、日常用品，以及紧急情况。大约过了几个月，吉蒂给家里打电话，非常痛苦。她说有黑客攻击了她的账户，而且偷走了大部分的钱。艾伦问吉蒂是不是她自己不小心花掉了，吉蒂非常坚定地说，自己根本就没怎么用储蓄卡。然后艾伦就通过电话银行查询了所有的消费明细。突然，吉蒂想起来她曾经花钱吃大餐、买礼物，以及拼车出去玩。我的朋友感慨地说："我怎么能相信一个数学竞赛获奖的孩子竟然想不起这些生活小开支？就是每一笔小小的花费吃掉了卡上的钱。"

建立用卡信用

　　使用各种卡付费是你建立信用记录的一种方式。以下整理了你的孩子可以使用的不同类型的卡，以及这些卡会如何影响到他和你的信用记录。

表 4-2 不同卡的使用情况

卡类型	是否有助于建立孩子的信用记录	是否会破坏孩子的信用积分	是否会破坏你的信用积分
预付卡	否	否	否
储蓄卡	否	否	否
授权信用卡	通常会。不是所有的发行方都会向征信公司提供信用记录	有时。违约行为不总会记录在案	是。无论谁是最初的卡持有者（通常是父母），都将成为本卡所有活动的责任人
联名卡	是	是	是
担保信用卡	通常是。与发行方进行核实	是。如果孩子没有及时还款，会降低信用积分	否。卡上只有孩子的名字
孩子名下的正常信用卡	是	是	否

小心学校发起的借记卡。许多大学与银行进行合作，提供带有学校标志的储蓄卡。这些卡有时候也被当作学生的身份证、餐卡，甚至宿舍门禁卡。这些卡的相关使用条款还不如那些具有竞争力的信用联盟或者银行提供的卡宽松，所以你的孩子不应该认为有义务把这种卡作为默认借记卡来使用。相反，他应该听从我的建议，找一家能够提供更多优惠条款的银行办储蓄卡，而不是傻傻地听从新生说明会的建议，使用不好用的卡。值得提醒的是，有的学校直接把学生的贷款补助打到这张卡上。如果真有这种情况，你要告诉孩子，让他提议学校将贷款补助直接转到他自己的银行卡上，避免触犯卡上的不利条款，避免孩子"偶尔地"动用大学学费。

你的信用积分控制着你的财务生活。既然你的孩子已经成人，你应该告诉他有关他的信用积分情况：这个积分直接决定他未来的财务生活。大部分的借款人都会用到这个信用积分，比如美国的费埃哲（FICO）评分系统，从 300 分（低）到完美的 850 分。（全美国的平均分在 700 分左右。）你的费埃哲评分高低取决于以下 5 个方面：

　　√ 你支付账单的记录（占 35%）；

　　√ 使用率，就是你借钱数额与全部额度的比率（占 30%）；

　　√ 使用信用卡的年限（占 15%）；

　　√ 你的信用组合，主要看你使用信用的类型，从学生贷款到信用卡（占 10%）；

　　√ 在过去 12 个月里你的信贷申请数目（占 10%）。

　　通常情况下，你孩子的分数越低，他的贷款利率越高。（其中一个例外就是，联邦学生贷款不受此影响，因为联邦学生贷款自从最初设立时就采用一个利率水平。）较低的信用水平还令他比较难租到公寓，因为所有的业主都会查询征信机构，看看申请者的信用报告和积分状况。

　　及时支付所有账单。可能你的孩子大学生活非常繁忙，他以为延迟还款的唯一成本就是滞纳金。事实上，并非如此。一次延迟还款就会影响他的信用积分，所以对他来说，养成一个及时还款的好习惯至关重要。而且，那些不会正常显示在信用报告里的项目，比如房租或者手机话费账单，也可能会影响他的积分。因为如果他延迟缴纳这些费用，这些账单也会转到催款人那里，比如，孩子的债主可能会雇用某个公司来催账。把这些信息传递给孩子：他务必按时还款。

我们举一位年轻女性的例子，她的费埃哲评分是 750 分。假设她拥有两张信用卡，学生贷款 8 000 美元，还有两年的信用记录。如果她有一次忘记还信用卡，她的费埃哲积分就会直接减少 100 分甚至更多。你拥有的信用记录年限越少，一次延迟的还款对你的积分影响就会越显著。所以在这个案例中，这位年轻女性只有两年的信用记录，可以说是很脆弱的，这就意味着，任何负面的记录都会给她带来相当大的影响。如果因为一次失误而导致她得到更低的信用积分，那么她可能要为汽车贷款或者申请新的信用卡而长期支付高额利息。

等到大学二年级再申请信用卡。目前的法律规定让大学新生很难申请到信用卡，但是，即使你的孩子符合申请信用卡的要求，我也建议他升入大学二年级时再去申请。不管信用卡公司如何游说，你的孩子也不需要太早建立信用记录，尤其是在他刚刚踏入大学校门的时候。而且，如果他有学生贷款，只要他按时还款，他就是在建立很好的信用记录。孩子需要经历各种生活调整期，从大学一年级开始调整，甚至调整到大学二年级，这期间他最不需要的就是适应巨额的信用卡债务，处理满脑子的财务压力。刚入大学就申请信用卡还有一个坏处，如果你的孩子还不上信用卡，他或许想用学生贷款来补足差额，这是违背他的学生贷款合约的。

这种创造性的财务产品只是一次性的权宜之计，不能彻底解决过度消费的问题。在许多情况下，孩子在用学生贷款还完旧账之后，很可能又形成一笔新的债务窟窿，他欠的债永远都还不完。

正确使用信用卡的 7 条规则

当选择使用信用卡时，你的孩子应该忽略那些花里胡哨的广告，以及所谓的"返点"奖励。只要他申请到一张信用卡，就要遵循以下的几条关键规则。这些才是最为重要的。

第一，货比三家才能买到最好的。通常情况下，那些直接通过邮件发广告，或者在你浏览网页时跳出来的网站，都不会给你符合要求的信用卡。相反，你要自己到信用卡网站（CreditCards.com）或者信用卡中心网站（CardHub.com）寻找最适合你的卡。

第二，选择年化利率最低的信用卡。年化利率通常包括一年内需要缴纳的利息和所有固定费用（包括年费）。如果你打算每个月还钱，但是你不小心出现差错，低年化利率会帮你节省很多钱。注意那些"认同"卡（那些将你消费数额的一小部分捐献给慈善机构或者其他公益性活动的卡，比如捐赠母校之类的卡），它们的年化利率通常都很高。

第三，放弃那些收年费的信用卡。如果你做好充分的市场调研，你一定会找到免年费的卡。有些奖励型卡需要交较高的年费，甚至超过你得到的优惠的价值。有一种情形例外，如果你非常谨慎地支付你的账单，而信用卡的确提供给你真正用得上的优惠，而且优惠额度超过了年费金额，很好，你可以考虑采用。你可以在奈德钱包网站（NerdWallet.com）找到很多有丰厚奖励的信用卡。

第四，如果你申请一张信用卡而被拒了，稍等一段时间再重新申请。如果你被一家信用卡公司拒绝了，不要马上申请许多其他卡。因为你每申请一次，一条查询记录就会出现在你的信用记录上。如果有好几条类似记录汇合在一起，就会直接降低你的临时信用积分。相反，给这家公司打电话查询你被拒的原因，然后等 6 个月之后再重新申请。在这 6 个月里，尽可能提高你的信用积分，比如按时支付账单，或者减少贷款。

第五，每月都全款偿还账单。我还要再说一遍：当你没有余额偿还账单，还有账单余额时，你就还需要支付利息，这会让你无论买什么东西都增加成本。查询下第 99 页的内容就会发现，如果只偿还最低还款额将会带来多高的成本，你也可以使用信用卡网站（CreditCards.com）上的最低还款额计算器，算算你的实际情况。你可以与你的信用卡公司设置自动还款计划，这样可以每个月及时还完所有欠款。要保证你的银行卡上有足够的存款用于支付欠款，否则你还需要支付额外的服务费，用于从银行透支现金。

第六，永远不要刷爆你的信用卡，即使你能马上还款。只要刷爆信用卡，就会影响你的信用积分。这是因为信用卡积分经常在你还款之前，向征信机构报告每月的余额，这决定你的信用积分。所以，即使你随后几天就把欠款还上，较高的欠费也会直接包含在当月的积分计算中。

第七，不要花完 20% 以上的可用信用额度。即使你有好几张信用卡，也不要刷爆任何一张，如果你的欠款超过可用信用额度的 20%（也就是你所有的信用额度总和），你的信用积分也会减少。

⟨·· 成年初期：给孩子实际操作的指导

当你的孩子大学毕业，或者已经开始步入社会时，关于债务的培训就结束了，他开始迎接现实生活的考验。从偿还学生贷款，到还信用卡的债务，甚至他还有可能申请汽车贷款，你的孩子需要从你这里获得一些实际操作的指导。

确保孩子及时偿还学生贷款。我经常听说：一个孩子马上就要大学毕业，或者已经毕业了，竟然还不知道他到底有多少贷款、每月还多少账单，或者什么时候到期，以及去哪里还款。如果坐等这样的事情发生，那么将会是一个巨大的灾难。大部分的联邦学生贷款要求孩子在毕业6个月后开始还款。你的孩子可能登记了一个标准的自动还款计划，比如连续10年每月定额还款，直到所有贷款还清为止。第117~119页的内容告诉你大学毕业的孩子还联邦学生贷款需要做的所有事情。

如果你的孩子不得不申请私人的学生贷款，一定确保他尽快去跟借款人了解所有还款的细节。（如果他不确定谁是他的借款人，或者这里有多个借款人，你都可以在信用报告上查到他们的名单，这些可以通过信用报告网站 AnnualCreditReport.com 每年免费查询一次，或者联系学校财务支持办公室进行查询。）因为没有及时还款会损害到孩子的信用积分，而且，如果你联名签署贷款的话，你也被绑定在还款计划里了，你的信用积分也会因为没有按时还款而受到影响。不幸的是，大部分的私人借款人不会像联邦贷款那样，提供多种还款方案。

无论是因为没有钱，还是因为刚毕业的生活一团乱麻，总会有相当多的大学毕业生忘记偿还第一笔学生贷款。你要当心了，不要让你的孩子也成为他们中的一员。

偿还联邦学生贷款的 4 个步骤

通常，大学毕业生平均欠 37 000 美元的学生贷款。尽管你的孩子毕业时在化学工程学、哲学或者对研究美国文学作品中的名字起源等专业领域颇有建树，他也有可能根本不知道如何还清这些贷款。所以，一定确保他做好准备，认真做好以下 4 个重要的步骤。

第一，搞清楚你的孩子欠谁多少钱，确保贷款服务机构存有他现在的联系方式。访问全国学生贷款数据系统（NSLDS）的网站 nslds.ed.gov，点击"贷款援助浏览"，进行注册并登录。你会看到你的孩子欠了多少钱，查清楚他需要向谁也就是贷款服务商，支付每月还款。记住，这只是联邦学生贷款的还款步骤，如果他有私人贷款，他还需要查明他的债权人是谁，直接跟他 / 它联系。

第二，如果孩子还没有工作，可以推迟还款。除了没有还款，还有几件令你神经紧张的事情。如果孩子没有找到工作，他就没钱还款，那么他需要回到学校，告诉老师他正在美国和平部队工作，或许他可以符合条件，申请延期还款。这基本上意味着，他可以有几个月或者几年，都不用偿还学生贷款，这完全取决于他的实际情况。（附加的好处就是，如果他有所谓的"贴息贷款"，在这个延期过程中，利息也不会累加。）如果他不符合延期的标准，他可以申请临时延期，允许他 12 个月以内减少或者暂停还款。不利之处就是，期间的贴息贷款或者非贴息贷款的利息还是会累加。

第三，选择一个还款方案。孩子或许自动注册了标准还款计划，需要他每个月都还同样数额的钱，连续还 10 年，直到还清所有贷款。如果他每个月支付不了这么多还款，还有其他的选择。当然了，你或许认为需要一个应用数学博士为你的孩子计算出最佳方案。其实完全没必要，政府的联邦学生资助网站提供的一个还款估算器的小工具就可以帮到你。然后首选原则就是，选择一个他能承受的最高还款额。通过这种方式，孩子在还款期内就可以尽可能支付最少的利息。也有一个特例，当你孩子的信用卡利率远远高于他的学生贷款利率时，他可以偿还最低的学生贷款，直到他的信用卡欠款还清，然后提高他的每月学生贷款数额。最重要的一点：如果他还款几年后，符合债务免除资格，他或许需要缴纳债务免除那部分金额的税金。一定要好好计算需要交多少钱。下面是简单的选择信息。

●渐增还款。这个计划开始还款额较少，但是每隔两年会提高一档，直到孩子在 10 年内还完贷款。缺点是什么呢？随着还款年限增多，孩子需要支付更多的利息，有时候比正常还款计划多几千美元，甚至更多。

●延期还款。这个计划只有在借款人贷款超过 30 000 美元的时候才可申请，可以将还款期限延长到 25 年。这样，孩子每月还款额比正常 10 年还款期限的还款额少，但是整体来说需要支付更多的利息——可能多出上万美元的利息。

●基于收入的还款计划。还有些还款计划是根据孩子的收入，以及他的贷款数额制定的。这些计划是暂时性的选择，尤其在孩子年轻时赚钱能力比较弱，可以对他有所帮助。首要原则：如果孩子的贷款远超过他的年收入，这些计划对他来说是很好的选择。当他的收入提高后，他需要调回标准的还款计划。这些还款计划如下：

你赚你付。这个还款计划提供给你的孩子最低的月还款额，在 20 年后会免除他的剩余债务。但是这个计划也有最严格的资格限制。

你赚多付。这个计划的要求比较容易满足，也是在 20 年后免除孩子的剩余债务，但是比"你赚你付计划"每月要多还款。

基于收入还款。这个计划也比"你赚你付计划"的资质要求低，可以免除 25 年后的剩余贷款。

●公共服务贷款免除项目。在该项目下，如果孩子选择公共服务行业的工作，比如教育、医疗、法律等领域的工作，又或者他参军入伍了，每月按时还款并连续还款 10 年后，剩余学生贷款将全部免除。如果他有长期贷款，可以在这个项目基础上，再结合每月最低还款计划和最长还款周期计划。通过这种组合方式，再利用公共服务还款计划，他 10 年后需要偿还的大笔贷款，都是可以免除的。不像上面提及的其他贷款免除计划，这个计划不需要你支付任何债务免除税金。如果想了解更多细节，直接浏览学生贷款网站 studentaid.gov/publicservice。（网站上还有其他贷款免除项目，包括给服务水平较低的地区的老师提供的项目。如果孩子是在教育行业上班，一定要查询这些优惠项目。）

　　第四，确保每个月及时还款。不管选择什么方案，一定要让孩子记住按时还款！（貌似这句话我已经重复许多遍了。好吧！但这的确值得我这么重复！）如果他不及时还款的话，他需要交滞纳金，而且还会损害他的信用积分。如果他连续9个月没有还款，那就构成了违约，意味着政府会从他的支票账户里罚款，或者扣税。签署自动还款计划，这样他就不会陷入忘记还款的混乱场景。这样做的好处就是，如果孩子及时还款，有些贷款服务商会给他减少0.25%的贷款利息。（如果他有一点富余的现金，就把它单独支付给一个最高利率的贷款。）

　　申请汽车贷款一定要精打细算。有时候你的孩子特别想要一辆车，却没有现金。下面是申请汽车贷款的4个窍门。（关于高中时期的建议在此依然奏效：买一辆二手车！）

　　•申请他能承受的最短贷款期限。有些贷款公司为购车者提供8~9年的贷款周期，这的确是比较长期的负担。战线拉得实在太长了。理想状态就是3年期的贷款。虽然贷款时间越长，每个月的月供会越少，但是全部计算下来，合计支付的利息非常高，当这辆车买到手的时候或者被卖掉的时候，孩子所欠的贷款远远高出它的购买成本。

　　•去汽车经销店之前做充分调研。确保你和孩子充分了解现在的汽车贷款利率和汽车的价格行情。可以参考一些有用的网站，比如银行汇率网站Bankrate.com（主要是汽车贷款利率）和汽车资源网站Edmunds.com（网站上提供汽车贷款还款计算器）。

　　•比价之后再通过经销商进行贷款。银行汇率网站会提供全美国平均汽车贷款利率，而且根据你提供的邮政编码，显示你附近的汽车经销商，但是它不会给你提供全部经销商的清单。所以，与你当地的银行或者信用联盟确认一下，或许它们会给你的孩子提供一个更有竞争力的利率。如果孩子的信用积分非常低，或许他可以申请次级贷款。你要听清楚，次级贷款的利率可能是信用积分很好的基础上申请贷款利率的3倍。如果孩子能够及时还款，而且信用积分攀升很快的话，他会申请到更好的利率。如果他非常迫切地想要一辆车，就搜寻一下二手车，这样他的月供就会比较少。

●不要告诉经销商你孩子的月供。首先让他同意你的报价，然后再讨论贷款的方案。这样，他就不会根据你的月供调整车的价格。

"无论你赚多少钱，都不要以信用卡为生。"我希望你之前曾经跟你的孩子说过，但是这句话的确值得一再强调：只有在他能够每月按时偿还全款的情况下，他才能使用各种信用卡。当然了，如果开始他的起薪比较低，他或许认为可以用信用卡支付一些日常开销，比如加油或者买食品。听起来合情合理，对吗？不，大错特错。这是一个不可靠的圈套，这也是为什么你应当要求你的孩子采用零容忍、零欠款政策的原因。实际上，你的孩子赚得越少，他想用信用卡买日用品的念头越强烈，欠款情况也越糟糕，因为他认为距离偿还这些欠款的时间还远着呢。要想避免这些陷阱，就意味着你的孩子要简朴地生活，但是这最适合孩子年龄小，独自一人，没有依赖和负担的时期。总之，无论他以后要和室友共同分担房租，还是乘坐公共交通工具上下班，或者兼职做2~3

份工作，都需要记住：远离债务就是你孩子的终极目标。

再融资会给你节省金钱。如果你的孩子申请了高息贷款，他应该想办法再融资，这意味着他要将现在的贷款转到更低利率的新贷款上。在你孩子的生活里，再贷款的概念或许仅限于他的信用卡债务。但是随着年龄增长，等他申请住房按揭贷款时，再融资会帮他节省上万美元的成本。这个方法通常仅提供给信贷记录非常良好的客户，这再一次说明按时还款是多么重要。

假设你的孩子在大学里申请了一张信用卡，年化利率18%，且他都能按时还款。虽然他没法每月都做到收支平衡，但如果他能够做到的话，他就应该给信用卡公司打电话，说他正在寻找更低利率的产品，并询问该公司能否提供适合他的产品。调查显示，这种策略总是屡试不爽，并且效果令人吃惊，尤其是对那些拥有良好信用记录的人来说更是如此。如果你孩子的信用卡公司提供的利率又高，服务又差，他可以换一张新的信用卡，享受更低的利率，或者更吸引人的新开卡优惠，把他之前的剩余的欠款转到新卡上。但是在这么做之前，他需要了解转卡服务费（通常是3%~4%），提前做好准备。银行利率网站上提供余额转移计算器，可以帮助你的孩子计算出用这种方式转卡是否合算。（还有一种办法转移卡上剩余的欠款，就是先用你的积蓄把欠款还上。）

即使你不能支付，也不要忽视你的账单。或许你会遇到你已经成年的孩子失业，或者因为做出错误判断而导致经济状况窘迫，无法支付账单的情形。即使信用良好的人，也会有坏账的时候。

或许，他每次检查邮件时，或者开始接听到债权人的电话时，都会紧张得喘不动气。这都没有关系，但他千万不能因为这些而选择逃避问题。对于联邦学生贷款而言，有很多办法可以延迟还款或者申请减少还款。但是，这些方法都是在还没有形成违约之前才能发挥作用。和信用卡公司打交道，跟它谈一个更优惠的利率水平，或者寻找一个可行的最佳还款期限，但做这些事的前提是你的孩子仍然保持良好的征信记录。如果你的孩子完全被淹没在债务里，他应该向非营利信用咨询师寻求帮助，可以通过美国财务咨询协会（FCAA.org）和美国全国信用咨询基金会（NFCC.org）联系到这些咨询师。底线：不要逃避账单。

争取付 20% 的首付，或者至少 10%。在当今的美国社会，人们通常租六年房子后才开始买第一套房子（然而在 20 世纪 70 年代，人们最多租三年就开始买房）。结果是许多年轻人到 30 岁才开始买一套真正属于自己的房子。但是，你可以和你的孩子更早地开始讨论房屋按揭的话题。

决定什么时间买房是一件很难的事情，这不仅仅是比较孩子每月的月租和按揭贷款那么简单。如果你的孩子五年内不打算住在家里，比如说他结婚了，需要住大点的房子，或者要搬家离上班地点近一些等，买房不是一个很划算的决定。毕竟他的工作在初期变动性很大，而新买的房子很可能离新单位会更远。买房再卖房就需要花费上千美元的花销。如果你的孩子很快就搬家了，他无法在这么短的时间里建立足够的资产净值（房子的价值减去她的欠款），因此，这段时间租房就显得更为明智。《纽约时报》的博客专栏《要点》上有一个计算器，可供人计算出哪种方式更划算，详情可以查询《纽约时报》的网站 nytimes.com/buyrent。如果孩子做好了准备，建议他去阅读《建立理财人生：给二三十岁的你的个人理财课》，里面提供了真实、深入的关于此类话题的讨论。

不要错过第一笔学生贷款的还款

在孩子即将大学毕业的最后一个学期，你应该敦促他利用几分钟时间填写下面的表格。这些表格将帮助他避免错过第一笔学生贷款的还款。要获得这些信息，他需要和他的借款人联系。如果他自己也不知道对方是谁，他应该查询 nslds.ed.gov 网站，搜索他联邦贷款的服务商清单。对于其他私人贷款信息，他还可以联系大学财务援助办公室询问细节，或者如果他手上没有贷款报告的话，可以从年度信用报告网站上查到他的信用报告。

表 4-3 个人贷款明细

贷款名称或序号	贷款服务商	总欠款余额	月供	第一次还款日	服务商联系方式（网站／电话／邮箱）
1					
2					
3					
4					
5					
6					
7					
8					
9					
10					

如果你打算借钱给你的孩子交房子首付，你需要再三考量：大部分银行和按揭贷款公司要求你书面确认，你给孩子的现金属于馈赠。因为贷款是指你孩子在偿还按揭贷款之外，还要再偿还你借给他的钱。还有一项值得孩子去做的调研：根据联邦房屋管理局（FHA）的按揭贷款要求，初次购房者至少需要交 3.5% 的首付。此外，你还需要核实并确认州房屋贷款经纪公司，你可以浏览一下州房屋贷款中介理事会，它的网址是 ncsha.org/hoursing-help，从上面了解具体的申请要求。

如果只付较低的首付，意味着孩子每月的月供会比较高。毕竟，如果你只支付较少的首付，就意味着你要借更多钱，从而会产生更多利息。这样做还会有一个弊端，如果房屋贬值，你的孩子欠银行的钱可能远高于房屋的价值。这就是所谓的房产缩水，或者价格倒挂——如果他未来由于某种原因卖房子，就有可能会亏钱。这也是十几年前美国大规模发生次贷危机的导火索之一。

不要救助你的孩子。听起来很无情？或许吧。但是，这世上没有不艰难但很快速的成长法则。你最终选择怎么做，完全取决于你对待债务的态度、你与孩子之间的关系，以及你自己的财务状况。但是，让你的孩子在家里住一段时间是一回事，助长他糟糕的财务习惯又是另外一回事。并不是说，你不应该给你孩子任何金钱资助。而是说，如果他还不起钱的时候你去资助他，就会产生巨大的心理成本，在这种循环里就会导致连环债务的发生。如果你决定帮你的孩子挣脱债务的泥潭，那就选择一种既可以帮他，又不至于伤害到你自己的方式。比如说，如果你愿意为他还清信用卡，那就直接问他，他如何才能避免再次陷入债务危机里，并确保他的计划是现实可行的。如果直接给孩子现金，而没有任何现实的措施来解决问题，那么只会让问题变得更加糟糕。实际上，你可以让他把无法支付的账单交给你，你直接还清即可。或者，如果你愿意帮他买日用品，就从超市买一张礼品卡给他。

你绝对不可以从你的退休金账户里取钱帮助你的孩子，因为这么做需要交纳大笔的罚金和税金，而且还损害到你自己的退休生活，你的退休生活可比你孩子的退休生活来得更快。如果你是借钱而不是直接给他钱，你可以参考下面的提示。请记住我之前说过的关于借钱给至亲的话：你或许永远都拿不回来那笔钱。不管怎样，不要和你的孩子联合签署任何贷款协议，也不要托管你孩子的债务，这会大大损伤到你自己的信用记录。

借钱给孩子

有时候，成年的孩子也会陷入窘境，当父母的总想通过借钱给他们，来帮他们一把。虽然你没有这个义务，而且他们已经是成年人了，但如果你有能力并且也愿意借钱的话，就要确保你的借钱方式是正确的。

确保借钱的做法对双方都有益。 你借钱给孩子，可以收一定的利息，尤其是你给他很大的优惠时（比如，他信用卡的利率是21%，你可以按照5%的利率借钱给他，让他还信用卡）。可以给他计算一下，这样帮他节省了多少钱。如果他欠信用卡 10 000 美元，利率 21%，而且只付了每月最低还款额，光是利息他就得多付 17 000 美元。从你这里借钱的话，按照 5% 的利率计算，利息都不到 4 000 美元，的确帮他省了很大一笔。

书面写借条。这听起来有些奇怪，或者太正式了，但是这会帮助所有人记得之前每个人的承诺。书写一份合约，包括利率和到期还款时间。相信我，这会避免任何模糊不清，以及未来可能引起的纠纷。

留意任何惩罚性的扣税信息。美国国税局制定了最低利率水平，也就是适用联邦利率，家庭成员和朋友之间就按照这个利率提供各种形式的贷款。所以，如果你想借给孩子钱而不收利息的话，你就欠国税局本应收取利息的所得税。如果你借给孩子不到 10 000 美元买东西，比如说一部车，或者还清贷款，你就不需要考虑这些条例。但是如果你借给孩子的数额超过 10 000 美元，你就需要收取利息。现行的适用联邦税率，你需要在国税局网站 IRS.gov 上查阅适用联邦税率管理条例目录。

第 五 章

好好花钱

Make
Your Kid A Money
Genius

我至今仍然记得，我小学一年级时曾疯狂地迷恋过一位女同学穿的艾佐德牌 T 恤衫。尽管我知道，我的父母并不是大品牌服装的爱好者，但是我真的特别想要这么一件印着短尾鳄标志的 T 恤衫。终于有一天，时尚传奇出现了：我妈妈特别富有的姨妈马德莉德给我们寄来一大包衣服，全是她十几岁女儿穿不了的衣服，其中就有一件艾佐德的绿裙子。那是 4 码的，对我来说太大了，但是上面有那只我心仪已久的高傲的短尾鳄。我小心翼翼地把标志从裙子上剪下来，缝在我最喜欢的绿毛衣上。第二天，我自信满满地穿着我自创的绿毛衣去学校了。

在学校，那个穿正牌艾佐德的女孩像发现新大陆一样，发现了我毛衣上的标志。"这是假货！"她竟然在全班同学面前揭穿了我。"是你自己缝上的！"一下子，我那拙劣的手工在大庭广众之下暴露无遗。尴尬万分，我把这件毛衣塞到了学校储物柜的最底层，从此再也没有穿过。（前不久，那位穿正牌短尾鳄的女生在脸书上加我好友，我接受了她的邀请，但是我永远都不会忘记她在课堂上对我的所作所为。）这件事发生时，我才只有6岁。那是20世纪70年代，一个人心质朴、不追求普拉达的时代，我当时也不过是个心思单纯的孩子。但是，那个短尾鳄的标志对我来说，就是我的一切。

当我们的孩子告诉我们买某种东西，无论是名牌鞋子，还是最新的科技玩具时的那种幸福，我们很难再体会这种强烈的感受。但是，当我们的孩子比较普通靴子与UGG靴子时，比较普通T恤与安德玛T恤时，或者比较普通的耳机与头戴式或Beats耳机时，那种价值缩水的差异化让我们感到震惊。我们开始思索，我们究竟做错了什么，才导致孩子如此追求物质化。

但是，这也可能不全是家长的错。

的确，孩子可能会从我们身上找到一些线索。但是父母的信念常常受到市场营销行为的综合影响。广告商每年花几十亿美元来影响孩子的观感，甚至在他们还不会走路、不会说话时，就开始灌输给孩子各种消费观念了。我们就拿早饭来举个例子。康奈尔大学的一项研究发现，定位儿童市场的麦片放在超市货架上的数量，几乎占到成人麦片数量的一半。而且，更令人震惊的是，那些印在麦片包装盒上的可爱精灵、小海盗和兔子的眼神故意向下调低了大约 10 度，正好对准幼儿的眼睛，而印在成年人麦片包装盒上的人物则是完全直视的。我一直认为嘎吱船长麦片的包装盒看起来卡通感十足。

孩子每天被各类营销广告绑架的观点一点儿都不是空穴来风。专家很早以前就发现，小孩子很难分清广告和电视节目的区别。但令人称奇的是，营销专家总能找到无数种方式将信息传递给我们的孩子，从公众媒体，到网站，到苹果手机，甚至到教室里。我们从针对成年人的大脑研究中可以了解到人们购物的意愿是多么强烈。从对研究对象的颅内影像扫描中可知，当他们看到购物环境时，他们大脑的某个部分会突然活跃起来。

好消息是，即使在这种广告铺天盖地的情形下，我们也可以帮助我们的孩子做出更好、更精明的选择。

首先，我们要经常调整我们对于明智消费者的设想。比如说，尽管我们可能相信，拥有很多选择是件好事情，但心理学家发现，拥有大量的选择不仅令人很难做出决定，而且做出的决定可能还会降低人们的幸福感。（设想一下，当你盯着沙拉台做选择时那种痛苦的情形吧。）另一方面，即使是有限数量的选择，我们都会感到很苦恼，因为研究显示，包括人的情绪、回忆、朋友、天气等在内的所有因素都会影响我们如何花钱。

作为父母，我们需要引导我们的孩子变成精明的消费者。他们的购物行为不需要每次都很完美，只要大部分时间足够好就可以了。帮助我们的孩子就是帮助我们自己，因为他们也会影响到我们的购物行为。在市场调研中，仅仅20岁左右的年轻人，每年就会花掉父母1 500亿美元去添置他们想要的品牌商品。这巨大的购买力也可以用来解释麦当劳为招揽客户用餐采取的所有招数——更不用说你添置了苹果的家庭MacBook（一款苹果电脑），而不是戴尔台式电脑。

还有一个好消息，大部分孩子很快就会对于广告人的观点变得半信半疑，或者至少他们不想被这个广告人所愚弄。强调孩子发自内心的不被操控的本能，可以帮助他们成为一个能够对金钱独立思考的人，成为一个独立的消费者。

幼儿园时期：把握好孩子在消费时的方向

这个年龄段的孩子年纪小小的，讨人喜欢，但是他们已经是消费主力军之一，拥有明显的消费意识和强烈的消费欲望。下面的几条建议可以引导你的孩子在丰富的物质世界里翱翔时把握好方向。

玩"想要的"和"需要的"游戏。那些我们必须买的东西和那些可买可不买的东西，两者的区别听起来非常简单，但是小孩子却并不能分清楚，他可能在逛面包店时发现自己需要这个蛋糕杯。（我知道我有时候也是这么做的。）只要了解了两者的区别，就为我们做出明智的购物选择打下了基础。所以，在百货商店里购物的时候，你可以引导孩子分清哪些是他真正想要的，而哪些是他真正需要的东西。比如，我们需要牛奶和苹果，我们想要巧克力奶和奥利奥。当他沿着购物通道选择的时候，问下自己这是想要的还是需要的。只把需要的东西放到购物车里，想要的东西留在货架上，偶尔买上一两件想要的即可。一旦你的孩子掌握了其中的区别，这个游戏就变得更加微妙了。衣服当然是孩子的必需品，但是有蜘蛛侠头像的雨衣就是他想要的东西了。

有一位妈妈告诉我，她已经开始把她5岁女儿的购物狂热称之"欲望式冲动"了。但是，当她女儿问到家里新买的彩色电视机是必需品还是想要买的东西时，她自己也犹豫了。她向女儿承认，作为成年人，她也会有这种"欲望式冲动"，比如时不时地会买一对金耳环，或者凯特·丝蓓（Kate Spade）的钱包等。从那之后两人的购物沟通发生了转折：当她们的购物冲动出现时，她们会有所克制地考量一下是不是必须要买，有时候也会为她们的决定会心一笑。

不要迷信广告。现在的广告对孩子的影响都是潜移默化而且非常有效的。斯坦福大学对63个3~5岁的孩子进行了测试，从5种食品中挑选两份完全相同的食物给他们。两份食物的区别是，其中一份用麦当劳的包装袋包装，另一份则没有。当实验者问孩子们喜欢哪份食物时，孩子们一致选择有麦当劳包装袋的食物——无论里面包着的是胡萝卜还是鸡肉块。

打破广告巨大影响力的一种方式就是直截了当地跟孩子说明："不要相信从电视上或者网上看到的内容，尤其是广告。"下一次，当你们一起在电视上看到了苏打水的广告时，你可以这样说："那家公司靠卖给孩子苏打水赚钱，所以他们假装苏打水会让人们喝起来感到幸福。这太有趣了，也太搞笑了，这样的广告就是想骗你。"你还可以继续解释，代言广告的都是演员，他们说的广告语都是事先由工作人员幕后准备好的台词，而且广告利用明亮的颜色和轻快的音乐，让你联想到一喝苏打水就会很快乐。你也可以给孩子上一节更精心的小课：让你的孩子做麦当劳包装袋试验或其他品牌的测试。

不要逃避需要你拒绝的场面。我认识的有些父母担心带他们的孩子去商场，因为如果孩子买不到自己想要的东西就会大哭大叫。我明白这一点。但是我想说，如果真的遇到那种情况，咬紧牙关，就让他们哭去吧。事实上，在这样的情形下，经常是父母比孩子还要痛苦，因为其他的人都在盯着看热闹。更糟糕的是，父母在拒绝给孩子买那些物品之后，他们自己会感到愧疚或者遗憾。

就拿我的朋友普拉举个例子吧。她女儿萨利 3 岁的时候，她们去商场买参加侄女婚礼的裙子。"我们走进一家商店，她一下子就看上一件粉色的公主裙，上面绑着精致的丝带，里面还配有衬裙，旋转起来特别漂亮，她认为这条裙子很美。"普拉回忆道，"裙子上还有一枚珍珠胸针，萨利兴奋不已。但是裙子太贵了，120美元呢！我说不能买，她马上暴怒，我不得不抱着她就走了——当时的场景特别尴尬。"几周之后，普拉还是在萨利过生日的时候给她买了那条裙子，因为一想起那天萨利号啕大哭的样子，普拉就觉得特别愧疚。"她盯着我，那眼神就好像我太不可思议了——她根本不记得那条裙子了，也根本不在意了。过生日时，她想要的不过是一套塑料小马，也就15美元。从此我接受了教训——坚持你的立场，那个时刻一定会过去。"

如果你的孩子黏在超市地板上，大声哭喊着要买麦片，你最好的办法就是沿用之前的游戏规则，判断这麦片是不是必需品，然后再带孩子走出超市大门。

限制无休止的唠叨，限制看电视时间。电视是孩子看广告最主要的渠道，而且可以说是罪魁祸首。但是近几年来，电脑宣传页和智能手机直接把广告推送到一张张小脸面前，无论他们是在看喜欢的电视节目，还是玩在线游戏。这些广告对孩子来说特别具有吸引力，因为它们常常伪装成游戏，或者添加了许多人机互动的设计。市场营销人员知道，把广告推广出去的秘密就是，要用广告吸引孩子，由孩子去说服他们的父母——这就是营销人员所谓的"唠叨因素"。毫无疑问，研究人员调查了孩子的购物习惯对他们妈妈的影响。如果孩子在购物时发现了动画片中的人物形象，比如海绵宝宝和朵拉，他们很有可能央求他们的妈妈去购买带这些卡通人物包装的物品。

美国儿科研究院呼吁 2 岁以下的儿童不要看任何带显示器的电器。（这也包括在你女儿哭闹的时候，不要给她手机来分散注意力。）当然了，更不能在孩子的卧室安装电视机，你自己也不能每天都坐在电视机前看重播的《老友记》。最近的一项研究发现，父母看电视的时间对孩子看电视的影响最大，比家庭是否给孩子的看电视时间设限或是否在孩子的卧室安装电视的影响还大。

小学时期：帮助孩子树立正确的消费观

在这个阶段，各种营销广告和同龄孩子的压力形成合力，影响你孩子的消费观。你的任务就是利用以下重要的技巧帮助你的孩子远离这些影响。

不买就是不买。如果你的孩子总是缠着你买玩具、糖果或游戏机，你以前都拒绝给他买，但你常常会为这种内心产生的强迫症感到愧疚，实际上，你把自己深深陷入人肉自动贩卖机的陷阱里了。你的孩子认为，如果他总是"玩这些把戏"（比如说，去你那里磨耳朵），最终他总能得逞——至少有些时候可以实现，那么他会不停地这样做，直到你买给他想要的东西。这就是为什么说到做到很重要，你不但要认为应该这样做，而且不能半途改变自己的做法。尽管你的孩子开始可能会哭闹，但是从长期来看你也是给他减少负担，他不需要费力气去央求你永远不会买给他的东西。如果他知道哭闹没有用处，他再看到糖果店的时候就不大可能故技重施，大哭大闹。他还能学会做出明智的购物选择，买东西要深思熟虑，而不是突然心血来潮或者图一时痛快。

买东西先看价格，无论是多小的东西。当萨姆让他 11 岁的儿子杰森去商店里买点日用品时，他给了儿子基本够用的现金。过了一会儿，他接到儿子从收银台打来的救急电话："我的钱不够了，怎么办？"当杰森把他要买的东西的价格一一报给爸爸时，他们发现问题出在那个包装精美的欧洲奶酪上，奶酪价格将近 10 美元，远远超出萨姆设想的普通品牌的价格。从这件小事上，他们获得了一个现实的教训：在买东西之前，一定先看价格。尽管大部分的成年人知道买东西前看商品价格的重要性，但是孩子不是天生就具备这个习惯的。这时候，可以试一下我父亲给我传授的"现实查验"秘诀，就是在收银台看到最终计价时，你可以利用这个机会训练下你的孩子。通过这种方式，当你估算出购物车里的物品大约值 20 美元，而实际上花费 29 美元时，你就要在离开商店前再核实一下你的购物小票。

保存好购物小票，询问是否可以退换货。的确，这条原则对你而言非常普通，但是对孩子来说就像指南针一样，他们习惯买了残次品之后忍气吞声。所以，你可以让你的孩子早点养成这个习惯：一定要拿好购物小票，如果购买了什么值钱的物品，一定记得将小票保存一段时间（一直保留到超过保质期），并询问商店店员有关的退货规定。（如果你在线购买商品，需要询问是否还要自己支付退货时的运费。）询问商店是否直接给你退款，或者只退你商店积分，或者只允许你换购商店里的其他物品。你是否必须保留购物小票？多长时间内可以退货？还有些大商场退换货条件较宽松，但不太建议你去尝试：如果你给服务台出示你购买的物品，购物小票可能已经丢了，或者价格标签已经撕掉了，服务台或许还可以给你办理退货手续，前提是这个物品并没有被使用过。如果有这样的商场，可以尝试一下。

　　如果可能，让你的孩子自己做出艰难的选择。当孩子进入小学阶段，其他同学想什么、穿什么、买什么都会对他的生活产生极大的影响。比如有位名叫汉克的父亲告诉我，他从小就穿打折商店的低价套头衫，在同班同学面前都抬不起头来。所以，当他的儿子 11 岁，要求开始穿帅气的 T 恤衫时，汉克非常理解孩子那种难以融入群体的痛感。但是，他也不想让他的儿子陷入误区，以为只有买最贵的衣服才能融入班级。他决定给他儿子一张运动品商店的礼品卡，让他自己决定，是要花光所有的钱去买他想要的一件 T 恤，还是花一部分钱买中等价位的衣服，再用剩余的钱买一个篮球。最后，他的儿子选择了一双不贵的鞋子。"他希望通过一双最炫酷的鞋子来抵抗其他孩子给他带来的时尚的压力，同时，还可以有余钱买其他他想要的东西。"汉克回忆说。

向孩子解释你为什么买你选的物品。与其担心你的孩子看到你购买电视或者汽车的大单子，认为你花销超标了，不如就直接让他参与你的购物过程，让他了解你是怎么做决定的，他或许还会给你出谋划策呢。比如"我们选择厢式旅行车而不是运动型多用途汽车，是因为前者可以载更多人，而且油耗更低，也环保"。这样的解释就是强有力地进行消费习惯培养的例证。通常情况下，你向孩子解释这些购物选择时，你所强调的内容就直接反映出一个家庭重视或在意的选择。下一次你们一起购物时，给他看几款你想买的同类物品，说明价格的不同。然后，告诉孩子你最终选择某样物品的理由。比如说，你为什么买普通品牌的酸奶，却不会在全家钟爱的沐浴皂上吝啬。

让孩子参与做全家预算。我认识的一位妈妈乔伊斯，很清楚地记得当她还是个小姑娘时，她就知道什么事情更优先、更重要。当她 10 岁时，她真的很想买一辆自行车。她的父亲拿了一张纸，并画了一张表格，列出他们家的必需品（比如食物、房租、日常衣服等）的花费，在未来能够保障他们生活的保险上要花多少钱，需要给车加油花多少钱，等等。很明显，如果他们再计划一起度假、买辆自行车的话，就所剩无几了。她父亲让乔伊斯来帮爸爸妈妈决定，他们究竟应该选择全家露营，还是给全家买几辆自行车。如果可能的话，你也可以跟孩子开诚布公地讨论，决定家庭花销时的取舍。

让你的孩子体验购物不满意的情境。达芬有一次在百货商店的货架上看到之前广告里的一套儿童化妆玩具，就毫不犹豫地给她的小妹妹买了。她很兴奋，因为这是她第一次用自己的钱给别人买礼物。但是当妹妹在生日会上打开这个玩具时，达芬沮丧地发现，化妆试管、眼影盒和粉刷都是劣质的塑料制品。为了安抚她，达芬的父母本来打算给达芬一笔钱，让她重新给妹妹买一个玩具。但是他们明智地做出决定，带着购物小票和礼物回到商店申诉。达芬向商店经理解释，她看过的商品广告和包装盒上的图片都显示她买的是正品，商店经理同意给她退货。她的父母还建议她给厂家写信，投诉产品的标签没有标明材质，达芬的确写了信，还收到厂家邮寄来的购物券，可以用来购买该厂家的其他玩具。（或许对玩具公司来说这可以算作公共推广的费用，但是对达芬来说太出乎意料了。）最重要的是，当时生日会上的情绪崩溃竟然转变成一种家庭共同维权的荣耀。作为父母，我们总是本能地保护孩子，让他们避免经受失望、伤害，以及粗鲁的商业社会的踩躏。但是，这都不会帮他们成为理性的消费者。

知道你的孩子在网上买什么，在哪里买。这样做，既能保护你孩子的个人信息，又可以让你及时发现问题，免受"洗劫"。像苹果或谷歌这样的著名公司都已经陷入各种麻烦，很多父母投诉它们提供免费下载的小程序，要求孩子在下载后花钱买虚拟货币用于游戏通关。这些小程序要求孩子在首次购买时获得父母的信用卡授权，之后孩子再次购买时则不再需要父母再次授权。

结果就会造成孩子在这些小程序内的消费可能高达几百甚至几千美元。在最近的一个案例里，一位父亲收到一张 5 900 美元的账单，是他儿子使用他的密码登录"侏罗纪世界"的手机游戏后，购买虚拟恐龙货币的费用。

许多智能手机的供应商允许父母使用他们自己的设备，批准孩子在小程序上购物，或者限制孩子在手机或电脑上的购买冲动。父母也可以从他们的账户里取消购物信息，这样，孩子要完成任何购买行为必须手动下单。如果这些方法都不奏效，你的孩子挥霍了你大笔的资金去喂养虚拟宠物，你要坚决取消线上支付的权限。最重要的是，你要了解你的孩子是在哪些网站流连忘返。我的一个朋友答应她女儿，当地的迪克运动商品连锁店上架耐克背心后，会给她女儿买。她女儿希望能早点查到背心是否在线上上架，就直接在谷歌上搜索关键词"迪克"，可以想见，如果父母不取消线上支付的后果。

初中时期：培养孩子消费时的独立判断能力

美国十几岁的少年每年的花费会超过 4.3 亿美元，这一部分就是教你如何帮助孩子好好利用他们的购买力。

自己为购物冲动买单。这是让孩子想清楚他们到底有多么想要这个物品的方法之一。如果在商店里，你的孩子突然想要一盒口香糖或者一件 T 恤衫，不要马上说不行。实际上，你可以直接给他现金，但要说清楚："等我们回到家，你要用自己的钱还给我。"很多时候，他会在心里盘算，刚才特别想要吃的糖果或者想要穿的 T 恤，现在看起来没什么必要了，毕竟还要花自己的钱。当然了，这只适合自己手里有钱的孩子——不过，只要他自己攒钱，他就一定能存钱。（而且如果他没有存钱，你可以阅读第二章内容，帮助他存一些钱。）特别提醒：如果你替他付了款，不要忘记一到家就要收回你的借款。

购买任何大件物品前都要做足功课——无论在线上还是在线下。当然了，如果只是 10 美元的手机话费，就没有必要花费数小时研究这笔消费的优劣了——只要确保这是你的手机费即可。但是对于数额较大的花费，比如说一个蓝牙音箱或者望远镜，就值得你花费时间研究了。告诉你的孩子，一定要研究市场营销（比如投放在电视节目、电影、文章、电视商业片或者印在杂志和报纸上的广告）与独立评估（不打算卖给你产品或服务的人对产品或服务的意见）的区别。你也可以告诉他，去查询发表在《消费者报告》上的公开的、客观的信息，以及其他非该公司雇用的记者或独立专家发表的评论。而且公司或品牌的网站并不可信。

你也要告诉孩子，还有很多普通人会在网上发表对于产品的评价文章。你和孩子可以一起登录亚马逊网站，浏览其他人对你们想要购买的玩具的评价。这些评论者是不是发表了积极的评价？他们的打分和评价是否与你孩子对玩具的使用感受相似？看后，他自己就会发现，并不是所有的评价都可信。这就是去验证其他消费者与专业评论信息的评价很重要的原因。

不要被市场洗脑。如果你的孩子在社交媒体上追捧某个电视明星或者专业运动员，你要让他知道，这些明星只需要告诉他们的粉丝他多么喜欢某种产品，就可以轻而易举地赚上百万美元。尽管联邦贸易委员会的规定要求名人——如果是公司给他们付费去推销某种产品时需要向公众坦诚，但是对孩子或者其他人来说，这种界限是很不清楚的，孩子不知道明星的推介什么时候是付费的。而且，有些知名公司已经成功地将这些孩子转变成自己产品的义务推销员。我有个朋友，她的儿子才13岁，在 Instagram 网站拥有上百个粉丝，粉丝们喜欢他为某个流行鞋子品牌网站做的设计，也会进行评价。你要确定，孩子有没有在不知情的情况下利用社交媒体给公司做宣传；如果是，要告诉他，他已经被公司利用了，自己成了免费的营销人员。现在许多孩子理解这点——甚至将自己的身份定位为非官方的品牌大使，但是只要和他就这一点进行沟通，也是值得的。

消费税的相关因素。当你的孩子攒够了钱去买他心仪的卡拉 OK 机时，他或许还会大吃一惊——到了商店后发现，他没有足够的钱交税。我们成年人每次看购物发票时都会被提醒不同的州或城市会收取消费税，有的税额会直接超过一个玩具的成本，在有的州，一块糖果甚至收 2%~10% 的税。你给孩子解释，上缴的消费税大部分用于修建道路、图书馆或者学校等公用设施。有时候，税收用来改变人们的一些生活习惯，比如大部分的州会通过收香烟税来控制吸烟行为。还有些物品，包括百货店的商品，免交销费税，因为它们被当作生活必需品，还有些州会设置免税购物日，以此来鼓励人们购买必需品，比如返校装备等。

还有一种有趣的方式，就是参与一期"价格竞猜"节目。在假期里，当你在塔吉特商场或者普通的百货商店购物时，给你孩子20美元（或者任何数目）让他去买自己想要的任何东西，但要有购买理由。但有一个条件：他需要计算好消费税，而且你要严格控制，如果他算错，你不会多给他一分钱。这种练习不仅会强化训练他的消费行为——时刻记住交消费税，还能向孩子传达你的消费习惯——不仅会享受购物的乐趣，还会做好预算。

不要做品牌的傻偶。无论是20世纪80年代的乔达西，还是今天的乔斯牛仔裤，初学生满脑子装的都是各种品牌。你很难让他们从品牌中挣脱出来，但是我认识的一位特别有创意的妈妈却成功地让她儿子汤姆从对品牌的迷恋中脱离出来。有一次，她发现美鹰傲飞连锁店正在做夏装大促销，她给当时12岁的汤姆买了几条他喜欢的颜色明亮的短裤。但是当汤姆看到购物袋上的商店标志时，他直接告诉她，他讨厌这个品牌，因为他朋友都不穿这个牌子。他还说，这个牌子的衣服不合身，看起来也不酷。后来，她又转了几家商店，发现价格都贵得离谱，这位妈妈又回到这家店，买了同样款式的短裤，但是换了几个颜色，把所有的标签都扯掉，并装进了不同的购物袋里。她儿子太喜欢这些短裤了。"当我告诉他真相时，他开始也是很吃惊，但是马上就大笑起来，而且接受了我的做法。他整个夏天都穿得很开心。"她回忆道。如果你的孩子想要的名牌物品超出了你的购物预算，你可以把它当作一份特殊的礼物在特定的时间送给孩子，或者让他用自己的钱去买。

值得的东西可以多付钱。几年前，有些研究人员给成年参与者提供了几种葡萄酒样品，并告诉他们葡萄酒的价格不等，从便宜的到贵的都有。实际上，标价"10美元"的和标价"90美元"的都是同一款酒。参与者一致表示，那些标价较高的酒更合他们的口味。尽管品尝葡萄酒对于十几岁的孩子来说不太合适，但是你可以给你的孩子进行类似的测试——用香水、冰激凌，或者其他任何什么物品。给他们同款产品的两份样品，但贴上不同的价格，询问他们认为哪个更好一些。你要教给他们的是，我们常常因为价格而影响了自己对事物的喜好。当凯蒂的儿子11岁时，他想要一个200多美元的皮夹克。凯蒂意识到，她儿子正处于身高增长高峰期，就直接回绝了儿子的要求，因为不到一年的时间，他就穿不进去了。后来她在网上找了一些仿真皮的夹克，价格只有真皮夹克的零头。她给儿子看了下这些款式，他也被39.99美元的那件夹克的价格震惊了。

也就是说，有许多时候你需要决定值不值得花那么多钱。或许那是一片全麦面包，它比其他普通品牌更健康、更美味；

也可能那是一套高质量的厨房刀具，至少可以用 20 年（尽管开始花钱很多，但是长期来看可以节省更多钱）。这些就是有价值的消费。或许你的孩子对家具用品的销售额排名并不感兴趣，但这并不影响你吸引他就这个话题时不时地进行讨论，或者你去超市时可以带上他，让他听听你和销售人员讨论怎样平衡成本和质量，以及你是如何进行判断的，如果你已经做过市场调查，可以告诉他你是如何看透各种销售技巧的。

成为理性的餐厅顾客。出去吃饭是美国典型的消遣方式，尽管出去吃饭比在家里吃饭要花费更多。你可以利用外出吃饭的机会，告诉孩子不要陷入餐厅的圈套。通常点餐时，顾客喜欢选择描述得很花哨的菜品（比如，纽约风格的奶酪蛋糕，配有超级美味的巧克力酱），而不会选那种描述很简单的菜品（比如，奶酪蛋糕）。即使两个是同一款，但顾客甚至愿意多花 10% 的钱来品尝这个"极品"。如果菜单上有一种超级昂贵的菜品，这会让你觉得这个菜品价格以下的其他食物都太便宜了，结果往往会点比预想的多得多的菜品。现在人们喜欢按照餐馆推荐的菜品下单——这在快餐类餐厅更为流行，这会导致人们经常比平时多点 20% 的前菜，以及 30% 的甜点。最后，你要告诉孩子，给服务员小费是外出用餐的成本之一。许多服务员没有小费的话，每小时酬劳是 2.13 美元。所以，请确保你给的小费至少占餐费的 20%，让已经长大的孩子帮你计算应该付多少小费合适。

高中时期：教育孩子理性消费

密歇根大学的研究发现，十几岁的孩子通过自己兼职赚的钱，基本用在买衣服、听音乐、看电影、外出聚餐、汽车及其他个人消费上，而且很少有人为大学学费攒钱。下面的几个技巧可以帮助你的孩子重新调整他们的消费安排。

花钱买教训也可以接受。你和你的儿子讨论完如何花他的钱合适之后，他仍然执意要把用 6 个月赚的钱花在一副设计师设计的太阳镜上，你也不要让他感觉很糟糕。但是，你可以让他事后承担这么做的后果。在一个月后他参加朋友的音乐会时提出来吗？你不需要主动提出来，但是可以提醒他之前的选择所造成的影响。让孩子自己做出选择，同时做出权衡非常重要。当然了，如果是你花钱买这些东西，那么拒绝买你认为太贵，或者不适合他，或者错误的物品，是你的权利。如果你的孩子想让你帮他交钱升级最新的手机程序，或者支付晚上出去参加跳舞俱乐部的费用，而这些都是你不想让他做的，那就直接拒绝，而且大声平静地回绝，坚持你的立场。

我喜欢它吗？每次要拍板决定买什么东西时，我总会让我的孩子回答一个问题——"我喜欢它吗？"这是我的妈妈雪莉在我很小的时候传授给我的经验。我们的柜子里塞满的各种衣服和杂物都是我们冲动购物的结果，而我们从来没有问过自己这个重要的问题。当然了，许多孩子（包括成年人）购物太频繁了。

鼓励你的小孩遵守一条 24 小时的约定：用一天 24 个小时的时间去思考任何想买的大件物品。他可能担心那件东西会卖光了，你可以告诉他，许多商店都会备好衣服的库存，保证第二天都会有货。而且，他还可以利用等待的时间去四处看看，或许可以在打折店或者网上商店买到合适的东西。还有可能，他可以利用这个时间回家检查一下他的衣柜，看看这件 T 恤衫是不是可以搭配其他的衣服，他可能会发现自己还有一件类似的 T 恤衫躺在衣柜里呢。

讨价还价会省很多钱。很多卖家都愿意讨价还价，只要你询问价格，尤其是你的要求合情合理，而且非常有礼貌的情况下更是如此。我的一个朋友告诉我，她最近定酒店时竟然争取到了半价优惠。谁知道砍价会有什么意外收获呢？所以，你可以给你的孩子解释，那些在跳蚤市场的卖主或者在车库的销售员，都愿意和你砍砍价，而且他们会标摆出一些商品故意吸引你询价。要教孩子有策略地谈价钱。你的孩子在这样的场景中可能会很容易失去谈判的优势，他会情不自禁地喊出来："我好喜欢它！多少钱？"告诉你的孩子此时要表现得稳重，可以询问一两件不同商品的价格，而不要表现出自己其实更钟情于哪一件。如果他能把自己喜欢的物品砍到便宜的价格，那种成就感就不言而喻了。当然了，这种方法的使用也有限制。你需要提醒你的孩子，一定要有礼貌，而那些卖主，尤其是跳蚤市场或者开放市场的商贩，他们也需要成交个好价钱来养家糊口。

幸福的获得并不昂贵。研究显示，人们经常买些小物品要比每年购置一两次大件物品获得的幸福感更高，这是英国哥伦比亚大学心理学家伊丽莎白·杜恩（Elizabeth Dunn）和哈佛商学院教授迈克尔·诺顿（Michael Norton）在他们合著的作品《花钱带来的幸福感》（*Happy Money: The Science of Happier Spending*）中提出的观点。虽然买一辆非常昂贵的车或者宽屏电视当下令人非常激动，但是只要我们买完之后，那种幸福的快感很快就消退了。（用学术的名词来描述这个过程就是"享乐适应性"。）所以，在你的孩子打算清空他的积蓄买一件大家伙之前，你要鼓励他考虑一下，用同样的钱是否可以买更多小一点的物品。比如，如果你的孩子攒的钱可以买一套 1 000 美元的顶级架子鼓组合，你可以建议它买一套二手的初学者套餐，价格只有新品的1/3，剩下的钱还可以买点培训课程。同样的，这套理论也可以用在全家的开支预算上。你不一定非要利用春假带全家去佛罗里达休一周假，如果利用三四个周末去露营的话，这种休假的快乐会持续一年。还有一种方法可以用来抵抗这种享乐适应性，就是不要过度沉溺于享乐。如果我们经常买新衣服或者去高档餐厅就餐，我们就会适应这种生活经历，其实倒不如我们偶尔地放纵享乐，那样会让我们更快乐。

一定要买二手车。当你的孩子痴迷于在高速路上兜风，喜欢那种风儿吹起长发的感觉时，他绝对不会想象自己是坐在一辆二手福特金牛座车的驾驶位上。但是他的确要现实一些：首先，这个消费对于一个高中生来说，更容易承受。（如果你考虑给他买一辆新车，请阅读我在第 106 页不赞成你这么做的建议。而且，请看看我关于如何申请汽车贷款的诀窍。）一辆新车平均价位在34 000 美元。而且，新车一旦入手马上就会贬值，一年之后就可以便宜 9 000 美元。开过三年之后，这辆车几乎减少了一半的价值。关于汽车，你要告诉你的孩子，租车绝对是个糟糕的主意。当付完所有的租金后，你的孩子手上什么都没有留下。

同样，现在的汽车比以前更加可靠——许多车如果保养到位的话，行驶 20 万公里也没有任何问题。如果你的孩子从经销商那里买车，他应该问下汽车的维修记录。如果他是从私人车主那里买车，他可以花很少的钱在汽车快递网站的二手车列表中查询该部车的 VIN（汽车证明号）编码，并查询该车的历史记录。无论他买的是什么车，他都应该花钱请一位独立技师检查一下车的质量。当然了，安全是永远都不能打折扣的，所以你和孩子应该到全国高速交通安全管理局网站查询一下他想买的各种车型的防撞指数和安全性排名。

教育孩子理性选择、花费更少的 6 个购物技巧

当你购物时，你经常是自己最糟糕的敌人——你的孩子也会面临同样的情景。下面的策略能帮助你战胜你的大脑、你的欲望、你的不良购物习惯，以及销售员诱惑你不停买买买的手段。

第一，使用现金。这个问题重复太多遍了。在麻省理工学院开展的一项著名研究中，调查人员要求志愿者对美国职业篮球赛NBA下赌注。那些用现金下赌注的人花得少，有时候甚至是用信用卡支付费用的一半。为什么会有这样的结果？其中一个解释就是，花现金会让人感到更"心疼"，而刷卡不会有这种感觉。在对做出购买决定的人们进行脑电图扫描时发现，当他们用现金支付高费用时，他们的痛苦中心会被激活；但用信用卡刷卡时，痛苦中心毫无反应。这就说明，用现金购物会让你感觉失去了什么东西，而刷卡则完全没有这个效果。

第二，对促销、打折、优惠券和在线礼券都要持怀疑的态度。我并不是反对所有的优惠券。我妈妈曾经积攒了上千美元的优惠券，并用它们购买我们的日常必需品。也就是说，不要陷入每一次优惠的陷阱里，除非这些促销商品里的确有你想要买的东西。这句话听起来简单，但是我们的大脑却经常欺骗我们。我们离开商店的时候，会发现自己买了四件T恤衫，因为我们认为"买两件送两件"的活动太划算了，结果就买了，其实我们只需要一件T恤衫，这是我们首先要买的东西。所以打折、促销让我们以为自己省钱了，其实恰恰相反。

第三，不要相信你的感觉。商场里会运用香氛、灯光和音乐，创造出一种温馨的氛围，让你有满满的购买欲。比如，据说聆听古典音乐会让购物者购买更加昂贵的物品。还有的公司致力于创造"满足感香薰"，或者为零售商和其他企业生产客户香氛。比如，奥兰多环球影城度假村的坚石酒店（Hard Rock Hotel）聘用一家公司，专门研发了一种电梯间香氛，会让电梯间顶部充满焦糖饼干的香味，底部充满华夫甜筒的香味，吸引客户移步到低层的冰激凌商店。所以，你带着孩子步入某家商店时，可以留意一下这种香氛气息是如何吸引你去购物的，这很有趣。

第四，不要被高价绑架。这条建议很有意思。研究发现，当我们看到一个标价很高的商品时，我们常常会比正常情况下花费更多的钱。所以，如果你在一家商店里看到50美元的T恤衫，你认为花40美元买一件显得更加合情合理。但是如果你在一家折扣店，发现全场的 T 恤衫都是 20 美元，你是不是觉得花 30 美元买一件 T 恤衫太亏了呢？标签定位会让人感觉所有事物都是相关的。这其实是销售的把戏，你在购物时可以指给你的孩子看。〔想要更深入地了解这一点，可以参阅盖瑞特·贝斯基（Gary Belsky）和托马斯·季洛维奇（Thomas Gilvich）的佳作《半斤非八两：跳出理财的心理陷阱》（*Why Smart People Make Big Money Mistakes and How to Correct Them*）〕。

第五，不要只是为了心情愉快而购物。当你心情沮丧或进行内省的时候，只有购物的感觉才是真实的，这也被叫作购物疗法。在某项研究中，一组参与者被要求观看一个有关男孩的导师去世的电影片段，然后写一篇关于自己的小短文。而另一组参与者被要求观看一段有关大峡谷的国家地理纪录片的片段，他们的情绪波动就比较小。前者愿意比后者多花费 3 倍的价钱购买运动汽水。购物会让你的心情暂时变得愉快，但是收到账单时则可能会产生购物后的后遗症。

第六，不要和购物狂一起购物。研究发现，我们的朋友会影响我们的体重，影响我们是否抽烟，那为什么不会影响我们的消费习惯呢？美国 CPA（会计师）协会进行的一项调查发现，将近 2/3 的人在他们 20 岁到 30 岁出头时明显感到，无论是外出就餐还是购买电子设备的零部件，跟上他们朋友的生活节奏会有压力。这个结论并不是说不能让你的孩子去交一些债务累累的朋友，而是他可以避免和那些朋友一起去购物。

大学时期：避免不必要的开支

人们常常认为，大学生基本上手里都没几个钱。的确如此。学费、住宿费、膳食费、书费等费用是不可避免的开支。除此

之外，还有其他的费用。把下面的策略传授给你的孩子，将会
助他一臂之力。

应对好金钱文化的冲击。我认识的一位叫米朵的女士回忆
说，她上大学的时候和一群朋友住在同一栋公寓里，其中一个
朋友拒绝和大家平分餐费。她说，她并没有像其他室友一样吃
寿司和三文鱼片，所以也不想为此付款。在那个时候，米朵被
这个朋友的举动惊呆了。现在，她已经是个成年人，她意识到
这个女孩有自己的预算，所以不得不计算每一分钱的花费。因
此，和你的孩子解释现实社会非常重要，他有些同学的经济状
况可能比你家还好，有些同学可能的确非常困难。比如，你的
孩子可能只勉强支付得起他的联谊会费用，而他的许多兄弟会
成员却可以飞去巴哈马度春假。另一方面，可能你的孩子可以
在周六晚上出去吃饭，而他的舍友却连比萨饼都支付不起。

如果你的孩子没有钱参与他的朋友们做的事情，告诉他没
关系，要积极看待这些事情。有时候可能意味着，他们出去聚
餐而他只能在宿舍里待着，但是他或许也可以选择不那么奢侈
的方式，比如待在宿舍里，用自己的笔记本电脑看一晚上电影
也不错。另一方面，即使你财务上比较宽裕，你也不能让你的
孩子成为买单的人。这不仅花费很大，而且会令大家都不舒服。
你的孩子也会感到很不开心（或者当别人把账单从眼前递过时
完全漫不经心），因为他的朋友并不把他当朋友，而更像是一
个自动取款机。

提前做好攒钱的准备。在学校附近的商店里买风扇，甚至是一瓶洗发水，它们的价钱都可能比家附近的大超市贵。在你孩子上大学之前，去超市大采购可以让他上人生中的重要一课，那就是提前准备比旅途中购置物品要便宜很多，无论你是要跨越大半个国家旅行，还是只是搬到城市里。如果你的孩子打算住学校宿舍，让他看下学校宿舍的网站，看看他需要准备的物品清单，看看有些物品，比如咖啡机、轻便电磁炉是否禁止使用。（或许，他已经和他未来的舍友商量过了，谁将携带迷你冰箱。）这并没有说你的孩子不需要笔记本电脑，但不管怎样，大学生都不需要买时髦的音响设备。

挑选智能手机套餐时要精挑细选。既然大部分十几岁的孩子都会使用某种形式的手机家庭套餐，那么大学时期就是研究个人最佳手机套餐的好时机。可以到网站浏览，比较各种套餐的价格。（有些手机供应商给大学生提供特殊折扣，所以你孩子可以查询一下大学的信息技术学院，以及向服务提供商索要详细信息。）

无论你最终是改变套餐还是坚持使用已有的套餐，现在都是时候与孩子进行关于话费账单的谈话了。如果让他上学期间继续使用你的套餐，可能比转到一个独立套餐里更便宜。所以在你能够支付的前提下，可以保持现状。（或者如果你的孩子开始自己负责话费，而他还在用你的套餐，就可以让他支付你的话费账单。）以下是我的建议：数据流量是许多手机套餐方案中花费很大的部分，你可以让你的孩子知道他使用的流量是多少。如果他用的流量超过了其他所有人，他就要想出一个办法减少流量使用或者减少额外的费用。

◁·· 成年初期：养成节俭的消费习惯

你的孩子现在的消费习惯会影响他未来的生活方式，以及未来的生活状态。他不愿意听你对他每一次购物的评价，但是以下几个方法可以帮助你轻松进入你们的讨论话题。

不要为了看起来像成年人而决定买什么东西。我朋友的女儿在人生第一次工作面试时，用自己的信用卡买了一个100美元的黑色皮质公文包、一套300美元的黑色套装，还有一双200美元的黑色运动鞋，因为她认为包装好自己，才能面试成功。好消息是，她的女儿获得了这份工作，但是她的这些行头不得不束之高阁，因为公司对黑色套装很反感，她上班只需要穿大学时的服装、背双肩包就可以。还有一个朋友的儿子，觉得自己毕业后找到一份年薪4万美元的工作，非常富足，就租了一套两居室的公寓。几个月后，他就向房东申请终止租约，换租一个小很多的房子。因为以他的收入只能租到这样的房子——房租之外还有其他的花费，比如汽车加油、水电煤气费，还有其他杂费等。所以我们可以得出这样的结论：开始花钱时要节省。这并不意味着年轻人在 20 多岁时要过苦行僧一样的生活，只是你的孩子需要知道，勤俭持家是年轻人生活的一部分。正如我们所预见的，多年以后，当你的孩子回忆起那时候用巨大的煎锅做饭、用奶瓶箱摆地摊的往事时，或许会心存欣慰。

要么穷游，要么不去。许多年后，父亲和我同台为大学生做演讲。当他给学生们讲到，因为没有太多钱，他和我母亲直到结婚 25 周年的时候才第一次去欧洲旅行时，我们听到观众席一阵唏嘘声。当然我并不是说，你得等到银婚纪念日才能去看一下埃菲尔铁塔。实际上，研究发现，人们把钱花在增长阅历上，而不是物质享受上，才会获得更多的满足感。当你年轻时去旅行，你会拥有很多冒险的经历，这些都是非常有价值的。但是，如果把信用卡刷爆了去坎昆（或者其他任何地方）旅行，那就是一个很糟糕的主意：算算飞机票、酒店，还有在外面就餐的费用，如果你过度消费，那么你的信用卡账单数月甚至数年都还不完。

如果你的孩子真的想去旅行，他可以有很多创意。我认识的一位令人称奇的年轻女士艾米告诉我，她曾经在一个交换网站发布自荐书，结果一个葡萄牙的双语家庭联系上她，请她照顾有两周需要待在家里的孩子们。艾米通过照看孩子们，来交换当地的食宿、一小笔费用，以及在早上、晚上、周末四处观光的时间。她唯一需要解决的就是她的机票，这个也通过打折旅行网站预订了。当她旅行回来时，她不仅做到了收支平衡，而且还提高了她的葡萄牙语水平。

无论你喜欢酱烧牛肉还是快餐汉堡，都要节俭。我的朋友遇到她的外甥女和她男朋友，然后一起到他们推荐的餐厅就餐。这时，她注意到，这对年轻人点了几次鹅肝酱，还开了第二瓶白葡萄酒。他们能叫出服务生的名字，询问今天的牡蛎是从哪里出产的。我的朋友很惊讶，因为她从她姐姐（女孩的母亲）那里得知，这对年轻人总是抱怨还不上信用卡。很明显，他们的钱包的确配不上他们的好胃口。

年轻人出去就餐通常很难做到收支平衡。但是，如果你的孩子能赚到体面的收入，却经常哭喊着房租到期了，吃饭（或者酒吧消费）花销太大。在这种情况下，你要告诉孩子，检查一下他的日用品或者餐馆的收据。即使你自己会因为不动手做奶酪或不动手调鸡尾酒而不得不出去购买这些东西，也不要向你不知天高地厚的孩子炫耀花费。实际上，你要帮助他实现收支平衡。你可以建议他，在当地连锁店购买基本用品，在专卖店选几样犒劳自己的物品，比如他特别喜欢的橄榄油之类的。

为婚礼准备的新式金钱规则

当父母想念孩子时，那些人生中的重要时刻是印象最深刻的。孩子第一次开始说话，他们第一次弹奏钢琴，他们的高中毕业典礼，等等。但是，最刻骨铭心的，也是花费颇高的一次性事件是什么？

孩子的婚礼。

尽管 20 世纪 50 年代的婚礼仪式十分过时，但是其中的一个方面还是很可取的。一谈到婚礼，摆在眼前最明显的问题是谁来买单。礼仪大师艾米·范德比尔特（Amy Vanderbilt）提出了一条黄金法则：新郎的家庭负责仪式、接待，以及礼服；新娘的家庭负责婚礼证书、司仪费用，以及蜜月花销。而现在，一切都可以免费，只有婚礼仪式不免费。根据《婚礼报道》（专门记录婚礼开支的行业刊物）调查，美国的婚礼平均花销是 27 000 美元。还有的家庭可能花费更多一些。现在，许多年轻人购买婚礼保险，这也是一笔巨大的投资。

那么我们从哪里开始呢？首先，也是最重要的一点，你不要认为必须为孩子梦寐以求的婚礼买单，尤其在你自己的经济情况很有限的时候。不要动用你的退休储蓄，也不要透支你的信用卡。也就是说，如果你有能力，也愿意花钱给孩子办一场风光的婚礼，你可以这么做，但是你也要明白，这并不意味着你有权利把自己的设想强加到两个孩子的婚礼计划上。

好消息是，和十几年前相比，现在的孩子结婚更晚，因此财务上也更独立。《消费者报告》的调查发现，通常情况下，现在的年轻人只支付大约一半的招待费用。但整个婚礼的账单内容非常复杂，而且，许多年轻人很难应付这些钱，下面的几个策略可能会对你有所帮助。

买一枚能轻松支付的戒指。忘记那个所谓的一个订婚戒指就要花掉两个月薪水的神话。这个魔咒是 20 世纪 80 年代由著名的钻石公司德比尔斯市场营销部门提出来的。（这提高了年轻人每个月的最初预期工资，而这是该公司的市场营销人员数年前提出来的观点。）埃默里大学的研究人员发现，花 2 000~4 000 美元买订婚戒指的夫妇的离婚概率是只花 500~2 000 美元买订婚戒指的夫妇的 1.3 倍。关于该研究的解释是，夫妇俩开始的债务越少，在未来婚姻生活中的压力越小。

衡量机会成本。你的孩子很容易就可以计划出一场可以与皇家婚礼媲美的婚礼盛会，但是你需要提醒他，他这一天花费的钱是否可以帮助他实现其他的目标。比如说，一场婚礼的平均费用是 27 000 美元，约相当于一套价值 15 万美元的房子 20% 的首付款。这笔钱也可能足够支付大学毕业生的平均学生贷款。所以，让你的孩子对比下这些数字，再决定是否还要继续邀请他 15 年前加入的小团伙的所有成员参加他的婚礼。

如果能自给自足的话，不要支付婚礼订金。 酒水供应商、花店经理、摄影师以及其他的商家经常会哄抬价格，因为他们知道你第一次组织这样的活动没有任何经验，而且心里总是担心这么重要的场合会显得不够体面。一项英国的调查发现，如果家庭活动是举办一场婚礼，商家会把所有价格提高 4 倍。建议你的孩子把某些环节描述成"家庭聚会"而不是一场轰动的婚礼，然后再打电话询问如果邀请同样的宾客参加婚礼需要多少费用。你的孩子在了解市场行情的情况下，就可以与他们进行谈判，或者如果价格还是高得离谱，就可以拒绝所有的商家。因为自身经济原因，许多新人倾向于办一场自己筹划的婚礼，租用便宜的场地，比如街区的酒吧，或者公共花园，或者在某人的后花园里。

婚礼花钱越少，婚姻生活可能越持久。 与那些婚礼行业里高调宣讲的效果恰恰相反，无论什么收入水平的新人，在婚礼上的花费越多，他们离婚的概率比形式节俭的新人越高。（记住，27 000 美元只是一个平均数，这意味着很多家庭花得更少。）根据上述埃默里大学的调查显示，婚礼花费在 20 000 美元以上的新人，比婚礼花费 5 000~10 000 美元的新人，离婚率高 3.5 倍。研究人员观察到，昂贵的订婚戒指、一场轰动的婚礼可能会产生一笔不小的债务，会让新人的生活压力倍增。当然了，高调的婚礼也可能会忽略最重要的事情：夫妻关系本身。

如果你受邀参加朋友的婚礼，事前先了解需要支出多少礼金。 我知道，这有点尴尬，是不是？但是，我听说有很多年轻人为了成为一个完美的朋友，而让自己陷入高额的债务中：全身心地参加一场隆重的单身派对、准备伴娘的套裙（由新娘挑选的）、飞机机票、酒店预订，以及精致的礼物等。不是所有的年轻人都有足够的钱承担一次这样的花费，更不用说一个暑假可能有好几场婚礼了。所以，当准新娘开始描述婚礼地点是在圣巴特，或者提到新娘礼服是由知名礼服设计师定制的时候，你可以建议你的女儿答复说，她全力支持朋友的婚礼，但是她没办法花费这么多钱担此大任。如果花 300 美元买礼服只是为了参加一次朋友的婚礼，这并不能彰显对友谊的忠诚。

第 六 章

要有保险意识

Make
Your Kid A Money
Genius

你可能认为保险条款太无聊、太难以理解，或者只是觉得跟孩子谈论这个话题太压抑。真实情况呢？的确，你非常正确，这的确无聊、令人困惑，而且聊起来很令人烦躁。但是，你不知道这个话题才是家庭谈话中最恰当不过的话题。在你错误判断之前，我们先来评价一下你判断正确的几点内容，相信下面的信息会帮你树立充足的自信。

保险的确很枯燥，什么免赔额啊，什么分摊付款啊，条目无比烦琐。

保险的确很令人困惑，因为你可以用

它来保障你所有的一切：购物、财产（车子、房间里的物品），以及与你个人相关的事项（你的健康、生命，甚至你的身份）。

而且，最重要的是它的确令人沮丧，因为谁愿意现在就去想遭遇车祸或者患癌症的情形？遇到火灾，或者偷盗？牙齿出现问题或者猝死？如果你感觉到压抑，你可以读读《钟形罩》或者多看几遍《泰坦尼克号》。

是否还有其他的原因让你认为保险不是一个有趣的话题？那就是你可能会损失好多钱买保险，因为保险在设计时就是一种可以预计的价值损失。我的意思是说，尽管你可能会认为健康保险的意义在于支付你每年为数不多的诊金，但实际上健康保险的意义并非如此，你其实可以不买保险，只用现金支付这几次就诊费用。你需要健康保险而且每个月付保费的目的是，针对你可能患的罕见而致命的重疾，或者可能遭受的重大事故，给予保障。这些特殊情况可能会将你的财产席卷一空，所以健康保险是非常必要的。当然了，矛盾的一点是，我们买保险时希望我们不会动用这笔重大的保险费，因为这意味着我们会遭受意外或重疾。

但对你的孩子来说，尽管保险是无聊、令人困惑和沮丧的事情，它仍然是个不能回避的话题。如果你不提前告知孩子有关保险的事情，他们就不会知道他们每次买保险时是明智的，还是容易上当受骗的。他们甚至会因为不屑买保险或怕上当而拒绝对方的产品介绍。

在本章里，你将了解到所有需要了解的关于保险的内容，以及如何把这些知识传授给你的孩子。我向你保证，我一定会去繁从简，不会让你感到无聊至极，或者困惑不已，或者沮丧无趣。我会直奔主题，传授给你的孩子最需要了解的基本概念。

幼儿园时期：让孩子知道保险的作用

在这个年龄，你的孩子也可以理解保险的基本概念，下面就告诉你该如何回家讲给孩子听。

有些事物可以保护你自己和你的财产。当你向孩子鞋上喷洒思高洁喷雾，来保护它们免受雨水浸湿时，或者帮助他把手套系到绳上，穿进他的大衣衣袖里时，你都可以借机告诉孩子，有许多方法可以保护他们的物品。当你教他刷牙或者在夏天穿防晒服时，也都是帮助他们了解如何保护自己身体的机会。这个"保险"就是通过现在采取措施，来保护自己免受未来的伤害，这一点小孩子也会听明白的。

通过家庭"保险基金"为未来的不确定性做准备。在厨房里准备一个饼干盒，装满1美元钞票和硬币，用这个零钱买孩子偶尔弄丢的雨伞或者手套，这种方法可以有效地证明提前准备保险以应对大大小小的意外的重要性。尽可能不要偷偷地从里面拿钱，如果你拿了，就要立马还回去。否则，你跟孩子说的提前准备好保险金以备不时之需的说教就完全不成立了。

解释保险是如何投资的。第一个现代保险计划是由几百年前的船商创造的。当他们的一艘船不幸沉入大海，他们就损失了船上的所有物品。所以，有些船商就聚在一起商量："当一艘船沉了，我们就共同承担其中的损失。"他们根据各自拥有船只的数量来决定出价的数额，拥有的船越多，他们交到保险箱里的钱就越多。（这就是保险的运作方式：我们预存定金，形成一个共同的资金池，如果理赔就从这个资金池里出钱补偿损失。）最后，这些船商决定雇用一个记账员来打理这个保险。记账员最终发展成保险公司。现在的人们可以购买任何保险，可以为身体健康买保险，甚至可以为身体器官投保。

小学时期：给孩子介绍一些常见的保险

这个年龄的孩子开始理解保险的作用，尤其是健康保险在我们日常生活中的作用。下面的内容可以帮助他们理解这个概念。

如果你不好好照管自己的东西，就会为此付出代价。如果一个孩子刻意毁坏了什么东西，你或许认为惩罚或者至少训斥一番是必然的。但是，如果他中午在学校收拾餐具时，不小心把托盘跟垃圾一起扔到了垃圾桶里，或者他和其他孩子打架时，损坏了公物（我哥哥就这么干过）怎么办呢？这对于一个为此感到悔恨的孩子来说有些棘手。当你的孩子第一次丢失东西时，你或许会原谅他，并告诫他丢一次东西就损失一些钱。当然，每个人都会犯错。但是如果你发现你的孩子总是丢三落四，比如过几个月就丢一副眼镜，或者每个春天都会丢一件夹克衫，你就需要让孩子注意一下，让他变得对自己更加负责。你可以告诉他，每丢一样东西或者打破一样东西都会造成的真正损失。你或许可以要求他赔偿，赔一件夹克衫的钱可能要花掉他好几个月的零花钱，所以你可以把账单分细，只让他赔偿其中的一小部分，可以一次性付完，也可以分期付完。即使你家里可以轻松修补或者重新买一个替代品，你也要把这种信息传递给孩子。我的朋友四年级的孩子把图书馆的书弄丢了。图书馆发来了一张拖欠通知。我的朋友要求她女儿把欠费分期补足。从此她女儿再也没有丢书了。

在孩子体检之前，给他解释健康保险。在每年孩子体检，而不是花钱带他去看病时，向他解释你在做什么。告诉他，医生的职业和其他我们谈论的职业一样，他们的工作就是帮助人们保持身体健康，我们平时要定期做检查，在生病的时候及时看医生吃药。我们需要为医生支付他们工作的酬劳。最酷的部分就是，我们不需要自己支付这些费用，保险公司会支付给他们。所以，当我们去体检时，体检费可能花费 150 美元，但是保险基本上可以涵盖大部分的费用，你或许只需要支付 20 美元。你可以给孩子解释最基本的概念，比如，你是从哪里买这些保险的，可以从公司买保险，也可以从夫妻双方工作的公司买保险，或者从政府买，又或者从其他保险公司为自己买特别的保险。

◁·· 初中时期：解释两个重要的保险概念

我在此解释两个重要的保险概念，初中生或许会对此很感兴趣。

保险会保障我们免受真正大额的损失。我们的一生总会遇到各种风险，发生在自己身上的概率可能要比别人多。我们穿的牛仔裤口袋可能会有破洞，如果中午的餐费从洞里滑出去，我们就不得不饿着肚子，或者只能和朋友分享一个三明治。我们和堂兄一起出去玩，他不小心感冒了，很可能过不了几天，我们也染病在身。当有些事情发生时，我们可能还没有做好准备。我们要面对这些小风险，承担它们所带来的后果。但是，有时候后果可能会特别严重，当这些严重情形发生时，我们可能会因此发生财务危机。比如说，当你出去玩的时候不小心撞到了路边的石头上，你需要补新的门牙，或者你的家庭遭遇了一次车祸，或者一场暴风雪破坏了屋顶，等等。对于这些风险，我们都会买保险避免损失。基本的保险种类分为健康保险、汽车保险，以及家庭保险。当你的孩子长大后，他可能也需要人身保险，但是没必要现在就跟初学生探讨这些话题。

责任保险为你偶然伤害到别人提供保障。当我们生病、受到伤害、丢了东西或被盗窃的时候，我们会用保险保护自己，减轻这些事件带来的损失。同时，你也可以买保险来应付因为你给别人造成的伤害而带来的损失。汽车责任险就是用于你无意中撞了别人的车，或者伤害到车里的乘客的情形。如果你的邻居不小心摔倒在你起居室厚厚的地毯上，摔伤了，你可以用你的家庭责任保险来支付邻居的医药费。

你的孩子可能会问："什么是真正的责任？"我朋友丽达的阿姨罗丝有一次不小心在肉食店油腻的地板上摔倒了，造成了胯骨骨折，店铺老板赔偿了所有医疗费。如果店铺老板不赔偿，罗丝阿姨就会雇一位律师起诉这家肉食店。如果店铺老板之前购买了责任保险，他就不需要从自己的口袋里掏这笔医疗费。你还可以给孩子解释，现在有很多雇员起诉雇主的诉讼案件，员工即使遭遇的损害不是很严重，也希望借此申请较高的公司补偿。但如果店铺老板往地上放了防滑垫，或者立警示牌，提醒大家小心地滑，却仍然有顾客摔倒骨折了，还让店铺老板支付客户的医药费是不是太不公平了？总之，责任是一个很难准确界定，但是值得深入探讨的话题。

你什么都可以保险：
劳埃德为什么基业长青？

坊间曾经有一则广为流传的消息：国际超模海蒂·克鲁姆曾经给她的双腿买了 200 万美元的保险。（其中一条腿上有一块疤，保费比另一条腿便宜。）足球明星大卫·贝克汉姆也给他的腿买了保险，连 10 个脚趾头都买了。歌星布鲁斯·斯普林斯汀为他的声音买了保险。还有传言说，演员丹尼尔·克雷格在拍摄"007"

系列电影时，为全身买了几百万的保险。

　　在给你的孩子介绍什么是保险以及保险能做什么时，你可以给他讲讲劳埃德公司，这是一家位于伦敦的全球保险集团公司，它为想要保障某些身体部位的人们提供保险。劳埃德不是唯一可以提供这种保险的公司，但却是全球最知名的保险公司。

　　如果你是一个电影制片人，你可以为动作电影的主角购买"主要演员保险"，避免一旦主角受伤或丧命，你会因此损失掉已经投资到这个项目的钱。同样的做法也可以用于那些非常仰仗首席执行官的企业。首席执行官一旦发生心肌梗死，公司的利润会直接受损，所以会有公司购买这样的保险。如果一个橄榄球球队的核心前卫能力非常强，球队通常也会给他买保险。一家企业还会给它的信誉买保险，所以如果经济环境发生变化或者出现丑闻，令社会对该企业产生负面舆论，企业利润受损，保险就会补偿一定的损失。

▶ 高中时期：让孩子了解有关汽车的保险知识

　　尽管保险对十几岁的孩子来说并不是一个令人兴奋的话题，但开车肯定是。无论你的孩子是上驾驶培训班学车，还是你自己教他开车（你是多么勇敢！），你都可以利用这个机会向他介绍汽车保险，以及其他各种保险。

　　你需要买汽车保险。这个道理非常简单：你的孩子也需要买汽车保险，无论他开的是你的车还是他自己的车。向他介绍保险产品包括和没有包括的内容，解释自付费用（在获赔之前自己需要支付的费用）和保险费（你买保险的费用）。汽车保险主要分三个主要部分：责任险、医疗费、发生车祸／意外险。责任险主要用于发生车祸你被起诉后，需要支付的法律费用，以及伤害他人的医疗费用和车辆等的维修费用。医疗保险包括你本人及乘客的医疗费用。车祸保险是在发生车祸后承担车辆损坏给车主带来的损失。意外险赔偿发生的任何意外造成的损失，甚至包括你撞到树上之类的特殊情况。还有些州要求保险要覆盖到未上保险的司机，这样在对方司机没有保险却撞到你的车后，你受伤或者你的车受损时保险公司可以为你赔偿相应的损失。

　　告诉你的孩子，让他加入你的保险计划至少会让你的保费翻一番，但不要让他感到愧疚或者不安。（噢，你有一个女儿？好啊，十几岁的女孩的保费可以打 7 折。）一定要在你的孩子买自己的车之前，就跟他讲清楚这些道理。上几年级等因素都会影响到汽车保险的成本。（如果你的孩子在学校的成绩是 B 及以上，保费还会打折。）如果你有一部普通的车，保费通常要低。（如果你开的是丰田花冠，保费则比宝马敞篷车的保费低很多。）当然了，最重要的是，尽量不要有罚单或者出事故，这样才能有较低的保费。要把这些观点讲给孩子听（而且一定要让他接受），你可以让他知道，如果他接到交通罚单，或者因为自己的疏忽偶然发生了事故，那他将不得不交更多的保费。无论你的孩子是否有自己的车，至少要让他交一部分的保费，让他了解保费是如何运作的，才会让他在开车时真的小心翼翼，同时降低保险的成本。

大学时期：健康保险是必须的

把孩子送去上大学，即使是最镇定的父母也会感到有些不安，但是你只需采取几个小措施，你和你的孩子就会放松下来。试试吧，总会有效果。

健康保险是必须的。 你现在一定要把这个观点传递给孩子，让它成为永远被铭记的主题：健康保险是必须的。许多大学要求学生在上大学之前必须要买健康保险。你孩子的学校可能会提供健康保险，或者让你的家庭来提供这样的计划。（在我写这本书的时候，有些州要求孩子买健康保险，至少买到 26 岁，甚至更长时间。）无论你的孩子最终选择哪些项目，重要的是要让他知道健康保险早晚都有用，这一点是毋庸置疑的，不能妥协。你一定要和孩子讨论抽烟（许多大学生会沾染的习惯）对健康的威胁。为了支持你的观点，你还要给孩子解释抽烟也是一种高消费的习惯。无论在哪里买香烟，都是 5~13 美元一盒，如果一天半盒（美国年轻烟民的平均水平），每年的花费大约是 1 000~2 500 美元。如果你有吸烟的习惯，保费会直接提升 50%。

你需要购买房主保险或租房保险。 当你的孩子离家去大学深造时，重要的一点是确保他的物品安全，这时候可以给他介绍房主保险和租房保险。这些保险可以保护个人财产，在遭受损失或者被盗时可以获得赔偿；如果朋友到你孩子的住处拜访受了伤也会有责任险赔付；或者孩子待在旅馆时发生火灾或者遇到其他特殊事件，也会让他获得相应的损失赔偿。如果你的孩子住在学校宿舍或者住在家里，所有的个人财产保险都会包含在房主保险或租房保险范围内，但一定要与保险公司仔细确认相关条款，了解保险免赔条款（尤其是当你的孩子住在校园里而不是住在家里时，因为这些平均下来还是很大的开支）。

如果你的孩子住在校园外面的公寓里，他需要买一份租房保险。大学生也会拥有很多值钱的东西，比如，笔记本电脑及其他电子产品、家具、衣服、自行车，还有很多的课本，等等。租房保险并不贵，而且通过全国学生服务中心公司，大学生可以申请到特制保险，无论他们在什么地方都能获得一年的保险，保费从65 美元到240 美元不等。但是要记住，不像一般的租房保险，这些保险只针对个人财产。所以，你要跟孩子解释，这些保险可以保护他所有的个人财产，无论这个保险来自你的保险计划，还是他自己的保险计划。即使是用你的保险计划，也要让他知道。

支付尽可能高的自付费用。买保险时，你的孩子可能想交比较低的自付费用，在出险时，尚未到达保险承担部分的那一部分，需要自己支付。然而，如果交比较低的自付费用，保费和出险后自己需要支付的费用会比较高。首先，你交的自付费用越低，你每月交的保费越高。其次，可以考虑这样的情形：你孩子开车时追尾了别人的车，他的车维修费是1 200 美元，而他车的保险是500 美元以内自己负责，所以他被起诉时，保险公司承担700 美元。这个感觉还不错，但如果他的保险公司认为他的出险概率较高，会将他每年的保费提高到 800 美元，如果自己承担较低的维修费用，这个成本要低于他的自付部分费用，他就需要降低保费，这样从长久来看是相对省钱的。请注意，只有当你的孩子有一笔应急基金来承担维修费用时，这个策略才奏效。

考虑"自我保险"。这个时候你考虑所有可以上保险的项目——手机、机票，或者你的信用卡。但是，你最需要的是健康、房屋、汽车保险，你可以考虑忽略其他项目。为什么呢？通常来说，如果某个项目的维修或者替换费用不太高，你可以用自己的积蓄来解决，你就不需要给它上保险。此外，还有些项目可能通过其他方式做了保障，比如，你的房主保险或者租房保险，或者厂家维修担保有可能承担这些额外费用。考虑到所有的免赔项目、免责声明，还有较高的自付部分，一个保险项目或者保修产品可能并不会赔偿你所想象的那么多。比如说，笔记本电脑保险并不会在电脑中毒的情形下提供赔偿。所以，当你被问及是否给某个额外项目上保险时，你的首要回答是拒绝对方。理想状态下，你把原本要花在额外保险上的钱存到一个储蓄账户里，这个账户是你自己指定的"保险"（甚至可能会给你一点利息），这样真的需要维修或者替换的时候，你手上就有足够的现金。

还有一个可以节省小额索赔的方法。如果你申请房东保险或租房保险赔付你价值几百美元的财产，比如说自行车被偷了或者吊扇毁坏了，当你的自付部分比较少时，你或许可以申请到一小笔赔偿，来承担其中的一部分费用。但是，如果到了续签保险的时候，你的保费可能会提高，有可能保险公司会拒绝续保。你或许会觉得不公平，但是这就是保险的操作机制。在保险公司眼里，你未来有可能会有更高的索赔，这个风险太高。所以，你只需要对较高价值的物品进行索赔。

比较孩子用你的保险计划和单独申请的利弊。正如我之前提到的，孩子直到 26 岁都需要用你的健康保险计划。但是这要看你的保险计划的具体情况，有可能他转到大学的保险计划更合算。让孩子用你的保险计划的弊端是，他不得不按照计划看医生，有可能医生离你家比较近，而你的孩子却在其他州上学，而在规定区域外看医生格外昂贵。我朋友 20 岁的儿子托尼，暑假期间刚刚搬去圣安东尼奥打工，这时他开始发现后背的疼痛日益加重。医生建议他去拍片检查，但是令他吃惊的是，他父母的保险计划里没有圣安东尼奥的医院，所以他只能等到返回纽约之后才能做检查。如果你的孩子住在家里，或者在附近上大学，他继续使用你的健康保险就是个较好的选择。所以，唯一的方法就是比较这两个计划的成本及保险范围。

成年初期：如何用保险保护自己

你总是考虑如何保护你的孩子，但是现在他已经长大成人了，你应该告诉他如何自己保护自己。

　　你需要买健康保险。既然孩子已经成为一个独立的纳税人，作为父母，你不需要为孩子的健康保单负责（即使他住在充斥着臭袜子味道的地下室里）。但是许多父母认为应该为孩子的健康负责，所以你要确定你的保险计划是否要把他包含在内。要记住，每年大部分的个人破产都是因为未支付的医疗账单。

　　对大部分的年轻成年人而言，最好的选择是雇主公司提供的保险。但是如果他存在以下四种情形，公司保险可能会无效：第一，他的工作不提供保险；第二，保险太贵；第三，他是自由职业者或者兼职者；第四，他没有被雇用。不要担心，这里还有其他的选择。

　　如果你的孩子不到 26 岁，你的保险计划允许你把非独立行动人包含在你的计划之列，你需要核实把他加入你的保险计划的成本。请记住，在许多州，保险公司允许父母把孩子列入计划的时间延长，比如在新泽西州，年龄可以延长到 31 岁。想要了解各州的政策，你可以查询美国全国州立法会（National Conference of State Legislatures）的网站。这么做的好处是，孩子利用你的保险计划比他自己申请健康保险的成本低，还可能享受覆盖面更广泛的理赔条款。在撰写本书时，健康保险部门网站为收入水平低于某个门槛的申请者提供了他们可以承受的保险计划，以及免税和税款补贴政策。无论你的孩子通过什么方式申请赔付，你都要决定，你是否愿意帮他支付部分费用。

　　不要忽略租房保险。我第一次居住的独立公寓是一个看起来非常安全的建筑里的小公寓，但我第一天回家发现，外祖母送我的一些金饰、电脑不见了，放在化妆台上的现金也不翼而飞。我当时没有申请租房保险。如果你的孩子租住的公寓建筑发生火灾，他所有的贵重物品都会消失在滚滚浓烟里，或者你的邻居不小心被你儿子的玻璃咖啡台割伤了，他可能会起诉你儿子赔付医疗费，这些情况都要求你儿子提前申请租房保险来避免此类事件造成的损失。世事难料，房东通常不会对任何盗窃事件，以及发生在出租房里的物品损坏负责。所以，如果孩子的财产遭受了损失，比如衣服、电脑设备，或者家具，他可能会损失上万美元；而租房保险相对来说非常便宜，平均每月保费从 15 美元到 30 美元不等，具体数额根据保险物以及孩子居住的地区而定。你可以让你的孩子先通过保险信息研究院，记录更换丢失物品的成本，然后到净指数网站去比较一下保费金额。

你还不需要寿险。尽管许多商业公司让你认为，一个人如果购买了寿险会得到一笔意外收入，实际上，这笔钱是在你不幸意外身故后付给你的至爱亲人的，而不是付给你自己的。如果你的孩子还没有财务上可承继的人，那这笔钱最终会付给谁？会付给他的宠物仓鼠柯灵顿爵士吗？坦白来说，十有八九那些游说还没有孩子的年轻人购买寿险的人，会成为受益人。至少，我的经验如此。所以，除非你的孩子有了孩子才有必要申请寿险，否则他不需要购买寿险，给他的柯灵顿爵士多买一点莴笋吃就可以了。也不要让保险代理商蛊惑你的孩子，让他们买所谓的现金价值的寿险，就是把寿险作为一种强制存款计划，提供税务优惠的现金返还产品。的确，你可以尝试。但是，如果你的孩子根本不需要寿险，就不需要有任何与购买寿险相关的行为。即使他的确有自己的孩子，并买了寿险，他也最好买简单的、不贵的寿险品种，他应该把储蓄多投到401K养老计划或个人退休金账户（可以参考第七章的详细介绍）。

购买保险是为了防范正常风险，而不是特殊事件。人们或许想买一些短期的一次性事件的保险，比如航空险（乘坐飞机旅行时）、笔记本电脑险（刚买新电脑时）、信用卡保险（担心你失业时）。但是，这并不是花钱的好选择。选择保险时，一定要考虑那些花费数额巨大的、且有潜在风险的事项，比如你的生命（生命保险）、你的健康（健康保险）和你的财产（家庭保险或者租房保险）。然后，你只需要支付很小一部分费用。

你的孩子或许不需要的保险种类

你的孩子一天天长大，他需要自己决定购买什么类型的保险。下面是他需要了解的内容。

延长的保修期或服务合同
保证范围：修理或者维护某些物品，比如电子设备或者汽车。
内幕：对于提供此类保险政策的公司来说，这往往是有利可图的，但是对你来说通常是糟糕的交易。
你是否需要？几乎不需要。通常大部分的家电和电子设备售价里包含厂商的一年保修服务。多购买几年的延期保修保险基本没太大用处，因为许多产品使用的时间可能比你延长保费的时间还要久。这样的话，你花的钱还不如用在这期间的维修或者维护费用上。

行程取消保险

理赔范围：通常是机票、酒店和租车费用。

内幕：保险计划一般包括赔偿 4%~10% 预付的、不可取消的旅行费用。登录旅行保险网站 InsureMyTrip.com，确认相关保费和其他信息。

你是否需要？只适合花费较多的旅行。如果你旅行的花费特别多，你可以购买取消保险，尤其是海外旅行或者长期旅行。该保险大部分的保险政策只适用于突然患病或者突发自然灾害的情况，如果只是因为你临时改变决定，通常不会为你的取消赔偿损失。如果你真的有理由相信自己可能会取消行程，你可以购买专门的保险，但是届时你还需要补足差价。

航空保险

理赔范围：你在登机前购买航空保险，而该航班不幸遇难，如果你身故的话则由你的受益人获得理赔。

内幕：在美国，因空难死亡的美国人比例大约是 1 100 万分之一，而因为车祸死亡的概率则是因空难死亡的 2 000 倍。

你是否需要？不需要。但是如果你真的担心，你可以花几美元下载一个叫"我是否会遭遇空难？"的小程序，这个程序将让你放心，因为它记载的空难的概率特别特别小。如果你还有一点点幽默感，这个小程序可以让你在机场放松。

宠物保险

理赔范围：你宠物的日常医疗检查、外科手术的部分账单。

内幕：为狗提供的保险的保费每月大约 35 美元，猫的保费大约每月 25 美元，再加上自付费用。但是年纪较大的动物和那些患有慢性病的动物需要花费更多去投保。

你是否需要？不需要。大部分的宠物保险不包括每年的常规检查，这意味着你最好平时自己支付宠物的看诊费用。

智能手机保险

理赔范围： 或者更换一部全新的（或者看起来全新的）手机，或者支付修理费用。

内幕： 当然了，当你听说手机屏幕摔坏了要花100多美元去修理的时候，买个保险听起来非常合情合理。但事实上，许多理赔只是给你一部二手手机作为替换品，或者一部其他款式的手机。这对于提供这些服务的公司而言是一笔很大的收入。

你是否需要？ 不需要。《消费者报告》的调查显示，只有1/5的消费者会去申请理赔一部丢失的、破损的，或者被盗的手机。如果你知道你的孩子曾经摔坏过手机，就给他买一个比较好的智能手机保护套。

租车保险

理赔范围： 第一，责任险，这包括对其他车辆的撞击造成的损失，以及由你造成其他人受伤产生的医疗费用；第二，个人事故保险，包括你受伤的医疗费用；第三，车辆碰撞险（有时也叫车辆损失险），是用于汽车受损本身的费用。有些公司也提供使用损失保险，用于你租的车发生事故后，租车公司不能使用你租用的车而造成的损失。

内幕： 许多人总是在租车柜台为此纠结，又迫于压力购买了这些险种。最后买保险的费用几乎是租车费用的一倍。

你是否需要？ 是的，你之前可能已经买过类似的保险，只是你不知道而已。如果你自己有车，你的汽车保险可能已经包括了租车的情形（包括三方责任险和车损险），所以检查一下你的汽车保险。如果你没有车，但是你用信用卡支付的租车费用，可能也包括了车损险（但没有责任险），所以检查一下你的信用卡合约。如果的确是这种情形，你就可以直接拒绝租车公司的车损险，但是一定要现场买三方责任险。请注意，信用卡公司经常会把某些地点或者某种租赁车型（比如SUV或者较贵的车型）列为免责条款。至于个人事故保险，如果你在驾驶租赁车的过程中受到损伤，你的医疗保险通常会包括这些内容，所以也可以免掉。

笔记本电脑保险

赔付范围：如果你把咖啡洒到键盘上或者把笔记本电脑摔到地上，这个维修的费用通常不包括在一年的厂商保修范围内。

内幕：对很多人来说，离开笔记本电脑几乎不能生活，这就是笔记本电脑的保险看起来特别吸引人的原因。

你是否需要？这要看情况。如果你有足够的钱用于维修电脑或者直接换台新电脑，那就忽略。如果你认为你自己很不小心，你或许会从一年保修政策里受益。

大学学费保险

理赔范围：一个大学生因为生病或者在学校里受伤，需要在学期结束前离开学校，他离开学校后该学期所要支付的剩余的大学学费（以及其他费用）。

内幕：毕业保障保险公司（GradGuard）以及其他保险公司收取 1%~5% 的学费、食宿费作为保费。许多公司不会因为心理健康原因提供赔偿，除非你的孩子住院进行治疗。他们也不会为因为医疗或者学术原因休学的孩子提供赔偿。

你是否需要？或许不需要。首先保费很高，而且对于很多最常见的学生休学原因，都不提供赔偿。

身份被盗保险

理赔范围：帮助你监控信用卡被盗刷记录，提供补卡期间耗时的流程管理，在你的身份被盗用时保护你的信用。

内幕：这些服务建立在人们的恐惧心理上，它每年收取上百万美元的费用。有时，人们花巨额金钱（上百万美元）支付与身份被盗用相关的保险，但是他们没有告诉你的是，联邦保护措施意味着受害者不需要支付任何的费用。

你是否需要？不需要。最好的（也是最便宜的）身份盗窃保险就是自己。定期检查你的银行账户和信用卡账户，每年至少在信用报告网站上检查一次你的信用报告，如果你是被盗用身份的受害者，直接登录身份盗窃网站，看看具体的操作。

信用保险

理赔范围：如果你去世或者身体丧失基本能力，为你支付所有的汽车贷款、抵押贷款或者信用卡余额。

内幕：这个费用真的很高，几乎需要很久才能还清账单。你最好用你的钱还掉自己的贷款。

你是否需要？不需要。如果真的用上这个保险，通常赔付的数额很少。而且，如果你的孩子有一张信用卡，而且很不幸他英年早逝，那么唯一的受害者是他的信用卡公司。

婚礼保险

理赔范围：为避免一场婚礼（或者其他特殊场合）因为自然灾害、死亡、患病、商家破产或者其他原因取消或者中断，提供一笔不可取消的定金。

内幕：按保险政策通常收取 155 美元到 550 美元不等的费用，再加上 200 美元到 100 万美元不等的责任保障。

你是否需要？不太需要。你或许通过合同约束与商家的责任保护条款，你或许已经通过你的房主保险涵盖了其中一些风险。而且，大部分的婚礼保险都把最大的风险——因胆怯而逃婚排除在外。

第 七 章

如何投资

Make
Your Kid A Money
Genius

前不久在用早午餐时，一个女人将我拉到一旁，跟我说她想到了一个好点子，可以激起自己年仅 14 岁的儿子对股市的兴趣。事实是，她给了儿子 500 美元，并用他的名义开了个股票账户，还告诉他用钱去炒股。

　　你觉得这个女人聪明吗？

　　呃……我不觉得她有多聪明。

　　因为如果股票贬值，她的儿子很有可能这么想，投资股票只会赔钱，于是决定再也不碰股市，这当然是个问题。相反，如果股票升值呢，他就会认为自己掌握了其中的窍门，打算继续投入更多资金冒更大的风险来炒股，最终只会造成更大的损失，带来更大的问题。说白了，不管股票是赚还是赔，他都没能明白其中的道理。

我并不是说这个妈妈错得离谱，而是说孩子应该学习如何投资，但是他们仅仅需要有人告诉他们投资中最重要的东西是什么。不管你是一位不知道怎样用简单易懂的术语来解释你所通晓的道理的金融专家也好，还是一个不知道价值股和鸡汤有什么区别的小白也罢，读完这章后你会明白这个道理。

你可能在想是否可以避免所有这些麻烦事儿，让孩子将钱藏到床底下，或者存到银行里，反正都很安全。问题是，钱算不上真的安全。钱不安全不是说有小偷会去偷钱，而是说通货膨胀所带来的钱会贬值的结果。如果你赚的钱的增长幅度没有超过通货膨胀率的话——过去 30 年的通货膨胀率约为 3%——你就在逐渐丧失购买力（我会在后面详细解释）。

其中一种能够随着时间跑赢通货膨胀的投资可能是股票。尽管没有人敢打包票，但这却是专家目前最好的猜测——从长远来看，通货膨胀的趋势仍将持续下去。

我知道父母们会想，可以等孩子找到稳定工作或者攒到一大笔现金时，再来探讨投资的事情，这个想法很诱人。但是，千万别这么做。如果你将这些投资的道理留到以后再教给孩子，就意味着你的孩子失去了一个其他孩子都具备的优势：投资获益的机会。相反，如果早点让你的孩子了解投资的基础知识，并且在他年幼的时候就开始存一点小钱，这将会成为你送给孩子的一个珍贵的礼物。他可以凭借对股市的了解，在自己有资本的情况下获得收益。

要是你根本不了解股市，而且从来没有炒过股，也不要担心无法帮你的孩子了解股市。大多数人错误地以为，只要他们认识"聪明的"经纪人，有内线或者信息渠道，就绝对知道买哪只股可以赚钱。我会在这章介绍几个重要却并不复杂的投资原则，并且我保证，如果你能够将这些原则教给你的孩子，他就不会像大多数人那样抱有错误的想法。

钱应该放到哪儿呢？

如果你将 1 000 美元分别放到以下四个地方（以 1985 年为例）：第一，股市；第二，债券；第三，银行；第四，床底下，那么 30 年后连本带利大约如下表所示。

表 7-1 不同投资方式的收益对比

1985 年的 1 000 美元的投放方向	平均收益率 *	30 年后连本带利
投资股市【标准普尔 500（S&P 500）】	11.0%	$22 892
投资债券【巴克莱资本美国总体债券指数（Barclays Capital U.S. Aggregate Bond Index）】	7.2%	$8 051
银行存款（利率以美国一个月期国债利率算）	3.6%	$2 889
放到床底下	0%	$1 000**

* 不考虑通货膨胀因素，1985 年至 2015 年的年复合总收益率（compound annual total return）。

** 如果考虑通货膨胀因素，放到床底下的钱就贬值了，可能也就值 472 美元。

> 需要注意一点：你可能会发现，从长远来看，在经济发展相对稳定的条件下，股票可能比另外三种投资方式回报更高。尽管如此，在某几年，你可能会损失一大笔钱，例如，2008 年股票暴跌 37%（全球爆发经济危机）。（如果 2009 年你要支付孩子的大学费用，而不得不将钱从股市取出来，那么你无疑损失惨重。这也是我建议你千万不要把短期要用到的钱投入股市的原因。）
>
> 但是总体说来，如果你选择投资股市，你仍然有获得较高收益的可能。一般来说，收益越高，风险越大。

幼儿园时期：灌输投资的概念

当你的孩子还只是个幼儿的时候，你可不能拿本有关市盈率的专著跟他长篇大论，但是你可以通过这本书中的方法，给你的孩子讲讲投资的概念。实际上，这也是一种看待世界的方式。

投资是一种在未来获得回报的行为。你可以找来《红色的小母鸡》，然后读给你的孩子听。你还记得红色小母鸡的故事吧？虽然这个古老的寓言流传着几个不同版本，但是故事的精髓只有一个：小母鸡投入大量时间和精力种植小麦——耕种、收割、制作面团和揉面——最终收获了面包。它的懒朋友在它需要帮忙的时候，选择冷眼旁观，等到它把面包做好了，它们倒愿意"帮忙"了。可是小母鸡没那么傻，拒绝跟这些懒虫分享，这些懒虫也算给自己上了一课。小母鸡目光长远，它投入的时间和辛勤劳动都得到了相应的回报。当你的孩子完成一个拼图或者画完一幅画时，你就应该借机给他灌输"投资"的概念："哇，你真的投入了很多时间和精力——看你完成得多棒！"

跟你的孩子一起打理花园或者在花盆里播种。你的孩子还小，也许对"未来"这个词都没有概念，所以，直接给他们讲投资的道理实在不太现实。有个办法是，将投资与孩子所能见到的实实在在的事物联系起来，例如，将投资与把种子培育成鲜花或者蔬菜的过程相联系。你可以告诉他，如果你想要种子最终开出美丽的花朵或者结出熟番茄，除了需要时间，你还要"投入"肥料和水分。你还可以将这个道理延伸到你的社区。当你带孩子去几个街区外的私人杂货铺买东西，而没有去街区以北的那家大型连锁超市时，你就可以这样解释：这家小铺子是咱们社区内的某某开的，我们在这里买东西，也就是给邻居投资，最终也算是给咱们的小镇投资了。

小学时期：试着教给孩子简单的投资概念

这个年龄段的孩子对一些简单的投资概念的理解能力可能远远超出你的预期，而且很多孩子对它们表现出来的兴趣也远非你能想象。你可以试着跟他们讲讲这些基本的道理。

股票是你能拥有的一小部分公司股权。如果你的孩子三四年级，当你带他去看迪士尼电影或者买可口可乐时，你可以趁机给他讲讲股票。他已经到了能够消化这些基本知识的年龄。首先告诉他，他喜欢的很多东西都是公司生产制造的，比如他爱喝（但是不能经常喝）的可口可乐是可口可乐公司生产的，他最喜欢的遥控汽车是孩之宝生产的。这些公司生产这些产品再进行销售，而公司生产产品需要钱，为了筹钱，公司就需要出售所谓股票这种东西。当人们买这个公司的股票时，也就是在投资这个公司。说白了，他们就拥有了这个公司的部分所有权。你的孩子现在还跟这件事没多大关系，但是让他知道自己的消费行为也是这宏观金融市场中的一部分，并不是一件坏事。

不要将所有鸡蛋放到一个篮子里。你可以让孩子设想一下，如果一家餐馆只卖汉堡包会怎样。只要人们还喜欢吃汉堡包，那么它可能会赚得钵盆满溢。万一哪天人们听说有牛生病了，便会想到牛肉不安全了，于是决定不再吃汉堡包，该怎么办？或者如果哪天人们还想吃炸薯条，于是决定去另一家同时售卖汉堡包和炸薯条的店，又该怎么办？同时售卖多种食物的店能够为人们提供更多的选择。这个例子清晰地阐释了一个最重要的投资概念，即投资多元化。我们将这个道理运用到股票投资上，你很想将所有的钱都投到一家公司——比如，卡卡圈坊（美国甜甜圈大型连锁店）——如果你真那样做的话，你就把自己的全部身家都寄托在这家公司以及甜甜圈未来的普及率上。相反，如果你拥有不同公司的股票的话，你就降低了损失所有资金的风险。因为这些公司的股票下跌，有可能另外一些公司的股票涨得还不错，这样一来，你可能并没有赔。

鼓励孩子买彩票——但是不要超过三次。是的，鼓励你的孩子买彩票。想想看，当孩子被问到赚钱最快的方法时，他们的答案是不是通常都是"买彩票"。你的孩子可能有留意到"1美元助你圆梦"这类广告，或者从新闻中看到一些买彩票中大奖的振奋故事，于是决定："啊，我要买彩票。"如果你的孩子是个彩票发烧友，让他先尝尝苦头。如果他愿意的话，让他下次用自己的钱去买彩票。当他没有中奖时（他也不大可能中奖，中奖概率实在太低了），告诉他，通常中这种大奖的概率还不到几亿分之一，低得不能再低了，因此买彩票纯属浪费钱。《纽约时报》几年前曾报道过一个故事，讲的是一个门卫每周花费500~700美元买彩票，希望能一夜暴富，但是好运却从未降临。我习惯性地会计算一下，假如他当时把买彩票的那些钱放到股市里会赚多少钱呢？让我们假设他平均每周花费600美元，那么一年就是3.12万美元。现在我们假设股市平稳，并且每年的收益率为7%，那么仅仅10年后，他的钱已经涨到了40万美元。再过8年，就是100万美元。这不是噱头，也不是什么难事，更不需要你去刮彩票。你可以看看下面的表格，就知道怎么跟孩子讲中彩票大奖的概率有多低了。

比中彩票概率更大的事

如果你的孩子觉得买彩票是发家致富最好的方式，给他看这个表格，让他看看彩票中大奖的概率和其他反常事件发生概率的对比。

表 7-2　各种反常事件的发生率

反常事件	发生概率
被闪电击中	1/12 000
在高中时，作为高中篮球运动员参加奥林匹克运动会	1/45 000
成为电影明星	1/1 200 000
死于鲨鱼攻击	1/3 700 000
成为美国总统	1/10 000 000
中百万超级彩票奖	1/259 000 000
中强力球彩票奖	1/292 000 000

初中时期：告诉孩子怎样让钱生钱

初学生很容易对赚钱感兴趣。尽管他们的第一感觉可能是要干点不靠谱的事业才行，或许你可以告诉他们怎样让钱生钱，没准儿就能激发出他们的兴趣。

复利能让你致富。有人曾称，复利现象为世界的"第八大奇迹"。让我来告诉你原因吧，如果你投资的话，你获得了第一笔投资产生的收益，你投入的钱就叫作本金，怎么样，听着还不错吧。别急，还有更棒的，你获得的收益还能够再产生收益，而且是周而复始不断产生新的收益。如果你的收益又产生了新的收益，这就叫复利，也就是利滚利。有传言说，即使是阿尔伯特·爱因斯坦说起复利时，也会心生敬畏的。更神奇的是，本金计算复利的时间越久，钱的涨速越快。这也是我让你早早跟孩子谈复利的原因。可以在一些理财网站找在线股票复利计算器算一下，例如美国证券交易委员会的网站，然后输入数字演示给你的孩子看：在股市平稳的情况下，假如他从 10 岁起每个月在股票中投入 7.5 美元，每年的收益率 7%，那么等到他 65 岁时，他的股票账户里就有 5.18 万美元；假如他到 35 岁才开始投资，那么等到 65 岁时，他的账户里只有 8 250 美元。

复利让早期投资回报更高，但需要注意的一点是，复利是把双刃剑，如果你欠债，那么你欠的钱也会产生利息。所以你用信用卡消费却不及时还款，实在太不明智。（参见第四章有关举债的内容。）

了解 "72 法则"（Rule of 72）。等你的孩子学习分数时，你要趁机告诉他，股票复利可以计算出本金翻倍需要的时间。计算方法：用 72 除以增长率，得出的结果就是本金翻倍的时间（你应该还记得，本金就是你最开始投入的资金）。举例来说，如果复利增长率为 8%，那么需要 9 年时间本金就能翻一倍。（72/8=9。）当然还有一个复杂的数学推理公式也能解释这个法则（如果你是个数学狂，那就上网搜 "72 法则"，然后再不厌其烦地讲给你的孩子听）。但是，孩子其实只需要知道这个方法奏效就可以了。

确保通货膨胀时钱不缩水。如果跟孩子讲通货膨胀会让你的钱缩水，估计多数孩子一听就想睡觉，别说孩子了，就连父母都不一定能听下去。但是就像我在这章开头提到的，如果你无视通货膨胀的存在，那么你无异于把孩子的长期购买力扼杀在摇篮里。

你可以这样跟他说：商品的价格会随着时间上涨，比如，今天买一块巧克力要 1 美元，但是在 1970 年可能只需要 10 美分。可以看到，1970 年的 1 美元（可以买 10 块巧克力）可比现在的 1 美元（只能买 1 块巧克力）值钱多了。你的孩子要怎样才能让钱不贬值呢？把钱放到年收益率至少为 3% 的地方，我之前也有提到，过去 30 年的平均通货膨胀率大约也是 3%。（同样，这个巧克力的例子还说明了通货膨胀的另一个关键点：每种商品的价格涨幅不同。有些商品的价格涨得比通货膨胀要快，有些商品价格涨得比通货膨胀慢。在我所举的这个例子中，1970 年以来，各种巧克力的价格平均涨了 5%，略高于这期间的通货膨胀率。）但事实上，现在的银行存款利率还不到 1%，这也是你迫切需要投资理财的原因。尽快让你的孩子明白这个道理吧。这样一来，他就明白自己适当投资理财的必要性。当他的爷爷奶奶抱怨现在的钱太不值钱了，20 世纪 50 年代 10 美元就能买到一双鞋时，他就可以漂亮地反击："爷爷，你说得对，但是你没有考虑通货膨胀的因素，实际上人们赚的钱也没有过去多。"嘭！是不是人当头一棒？

商品价格上涨

要跟孩子讲通货膨胀，没有什么办法比用实例更具体更直接了。把这个表格拿给孩子看，让他明白为何要依靠投资理财才能有机会赢得这场与通货膨胀的拉锯战。

表 7-3 1970 年与 2016 年美国物价对比

开支项目	1970 年的价格（美元）	2016 年的价格（美元）
芭比娃娃	3	10
足球（标准用球）	5	30
乐高套装（约 350 块积木）	7	30
电影票	1.50	8.50
施文自行车	85	215
四年制州立公立大学一年的学费及食宿费	1 400	19 500
新汽车（均价）	3 500	34 000
住宅（均价）	25 700	273 600

模拟炒股软件和投资训练营不会让你变成投资天才。在美国各大中学随处可见各种模拟炒股软件，还有一些教学生炒股的俱乐部甚至学习班，当然钱都是虚拟货币（但是里面的数据跟真实的股票交易市场一样）。近年来，投资训练营也变得时髦起来。那些训练营宣称：只要两周时间，就能让你的孩子变成十足的华尔街投资天才。这些学习班、俱乐部以及训练营都信奉同一真理：只要搞搞研究，你就能找到潜力股。听起来还不错吧？但是这里有两个问题，一是我们已经有成千上万的投资分析师，他们每天的工作就是盯着股票市场并预测某只股票的涨跌趋势——然而即

使作为专业人士，他们也经常出错。为了让你的孩子总能找到潜力股，他需要比所有这些分析师知道的还要多，但是这很不切实际，即使他天天锁定美国全国广播公司的财经频道 CNBC 也无济于事。另一个问题是，这些虚拟股市平台和训练营都只是短期操作，通常孩子只有短短几周或者几个月的时间来操作短期盈利的股票。也就意味着他们只能选择一些能够快速盈利且高收益的高风险股票，这与长期多元化的投资原则相矛盾，我们之前说过，只有长期多元化投资才能有更大的盈利机会。当然，模拟炒股可能让你的孩子乐不思蜀，也可能会激发他对投资的浓厚兴趣。但是，如果你打算给他买个公文包、订阅一堆《华尔街日报》，还想着让他未来在摩根士丹利谋求一份工作，我奉劝你一句，直接告诉他真相吧。想要知道原因吗？继续往下读。

选择一种简单而明智的投资方式——指数基金。好了，我坚信，只有傻瓜才会把全部身家押在一只股票身上。但是现在该怎么办呢？我承认，初中生通常似乎只认得清自己的健身房储物柜，要跟一个初中生谈论这个话题的确很难。但是我发现，大多数这个年龄段的孩子能够理解指数基金中的一些基本投资术语——而且他们也愿意去学习。我们回顾一下之前的内容：多元化投资——投资多只而非单只股票——能够降低风险。原因我也说过，有些股票跌了，有些股票可能涨得还不错。

最佳的多元化投资方式是，同时投资几百只甚至几千只股票，而最简单的办法就是利用所谓的指数基金，指数其实就是一些股票的集合。其中一个流行指数为道琼斯工业平均指数，它追踪了 30 只大企业股票。另一个普遍使用的指数为标准普尔 500 指数，又称为标普 500，由 500 只大型股票组成。还有一种叫作证券价格研究中心美国总体股市指数，涵盖了近 4 000 只股票。

最简单的投资指数基金的方法就是，投资股票指数共同基金。在这个投资中，投资者都将钱放到共同基金里，这些钱被投资到构成指数基金的不同股票上。换句话说，标普股票指数共同基金首先从投资者处筹集资金，然后用筹集来的资金购买指数内的不同股票。当然，大多数初中生还没有大笔钱来投资，但是让他们认识到指数基金的操作模式也很重要。(如果你的孩子属于早熟型，你可以看看高中时期部分的内容。)

别忘了跟你的女儿谈投资。不管你是多么前卫的父母，千万别忽略掉跟女儿谈投资这件事。北卡罗来纳州立大学和得克萨斯大学针对 8~17 岁的孩子做了一项研究，研究发现，父母更倾向于跟男孩谈投资。这可能会引发一些问题。一项民意调查称，在 22~35 岁的人群中，有 61% 的男性会为自己购买退休金，女性却只有 56%。其中一个原因是因为女性挣得少一些，但是另一个原因可能是她们缺乏投资知识。因此，从小培养女儿的投资意识非常重要。

高中时期：让孩子学会做长远投资

许多青少年通过兼职或其他渠道已经有了一定积蓄，你要抓住这个机会，让他不仅养成存钱的习惯，还要学会为自己做长远投资。

用打工赚的钱开通罗斯个人退休金账户。前不久在一所大学做讲座时，一个学生举手告诉我他高中时期印象最深刻的一件事。他说，有一天，历史老师告诉他们，今天这节课不按原计划讲美国内战，我们来讲讲开通个人退休金账户的事情，老师还说，开通个人退休金账户将是我们一生中做的最明智的投资决定。那个学生告诉我，他听取了老师的建议给自己开通了个人退休金账户，现在账户里已经有上千美元。我真希望自己知道这个老师是谁，我肯定立刻拨通电话告诉他"你真是个投资天才"。

个人退休金账户，简称为 IRA，是你存钱的好地方。我在第三章提到过，不要将个人退休金账户看作养老账户，他们可是所有年龄段的人投资的好地方。个人退休金账户中存的应该是你打工赚来的钱，而不是你父母给的零用钱或者生日礼。你家的高中生开通的应该是罗斯个人退休金账户，他可以随时从账户里取钱——而且无须缴税，也不会有任何惩罚措施。

我为什么如此热衷罗斯个人退休金账户呢？因为这个账户里产生的存款利息永远不需要缴税，如果孩子从小就将钱存进去的话，那钱会猛涨。假如他从 15 岁到 18 岁，连续四年从暑假打工赚的钱里拿出 1 000 美元存入罗斯个人退休金账户，然后不管他是不是再存钱进去，如果年化利率是 7% 的话，等到他 65 岁的时候，4 000 美元就涨到了 107 000 美元。但是如果他直到 25 岁才开始这样做，25 岁至 28 岁连续四年存入 1 000 美元，那么等到 65 岁时，存款只有 50 000 多美元。你看，早点将钱存入罗斯个人退休金账户，让钱生钱还无须缴税，赚的钱总比晚存钱多很多。

如果条件允许，你可以自掏腰包拿出一些钱，和孩子打工赚的钱一起存到他的账户里。比方说，你的孩子暑假做兼职救生员，赚了 3 000 美元，并打算拿出 500 美元放到罗斯个人退休金账户里。这时候，你可以再拿出 500 美元给他，让他一起将这 1 000 美元存到账户里。一方面，他存入更多的钱能获得更多利息；另一方面，等到孩子找到一份全职工作时，他就能享受许多公司提供的 401K 计划。即使这样你仍然需要记住，孩子要存的大部分钱应该是这一年内自己赚的。

用罗斯个人退休金账户里的钱买指数基金或者交易所交易基金（ETF）。好了，现在你知道孩子可以将部分打零工赚的钱存到罗斯个人退休金账户里。然后要做什么呢？当孩子将钱存到罗斯个人退休金账户后，他需要选择一种能够盈利的投资方式。我总结了两个投资方式。

方式一是指数基金。不管你选择何种投资方式，投资公司都会以管理费用和交易成本的名头扣取部分费用。这就是所谓的投资费率。指数基金的一大优势在于其费率低，因为购买指数基金，不需要支付基金经理帮你选股的钱，你只需要支付购买标的指数的成分股的费用，例如标普 500 或者证券价格研究中心指数。一个不可思议的事实是，研究显示，那些专家挑选股票的基金普遍并不比指数基金好。这也是我推荐指数基金的原因。

说起指数基金，我的首推是嘉信理财总体股市指数基金，这是一家叫作嘉信理财（其费率低至 0.09%）的券商提出来的，起购金额为 1 000 美元。其次我要推荐的是先锋集团总体股市指数基金（费率为 0.16%），起购金额为 3 000 美元。

要是孩子没有 1 000 美元怎么办？不要着急。

方式二与指数基金有诸多相似之处，叫作交易所交易基金。投资者可以通过交易所交易基金购买预设的指数股票，例如标普 500 或者证券价格研究中心指数。与股票指数基金一样，交易所交易基金的交易费率也很低。不同的是，交易所交易基金在一天中的任何时间交易，而指数基金每天只开放一次。有的公司会收取交易所交易基金的交易手续费，也有公司不收取交易费。

你可以投入 100 美元到交易所交易基金，比如先锋集团总体股市交易所交易基金，该基金主要追踪证券价格研究中心指数。在阅读这本书时，你就可以购买一只无须支付交易手续费的先锋集团交易所交易基金，也不必担心自己没有 3 000 美元的先锋集团指数基金起购金额。你也可以用这 100 美元购买嘉信理财美国 B 股的交易所交易基金，它的费率比先锋集团还要低一些。

提醒一下：虽然你可以像买卖普通股票一样交易交易所交易基金，但是千万别这样做。你应该将交易所交易基金看作股票指数基金——因为你永远不可能玩得过股市。你充其量只是股市中的沧海一粟。

小心掉进骗局

你还记得伯尼·麦道夫——那个骗走投资者近200亿美元的臭名昭著的骗子吗？

好吧，很多年轻人已经不记得了：2014年有人针对18岁至29岁的投资者做了一项调查，结果发现有近半数人压根儿没听说过这个人。

这着实让我担忧，因为我们每个人都需要谨记他的故事。

麦道夫，那个被奉为投资天才的人，实际上只是效仿了经典的庞氏骗局——以20世纪20年代一个叫查尔斯·庞兹（Charles Ponzi）的骗子命名，这个骗子承诺投资者90天就能获得100%的回报。跟庞兹一样，麦道夫也向投资者承诺高回报，但是他更狡猾，他向投资客户承诺10%~12%的年收益率，而正如普林斯顿大学的伯顿·麦基尔（Burton Malkiel）教授说的那样，这个收益率表面上看起来并没有那么不可信。但是从长远来看，由于通货膨胀，股票的年平均收益率也只有7%——其中有几年收益可能很可观，但是也有几年却赔了40%。正如麦道夫自己所述，我不能保证你们每年都大丰收。但是模仿庞兹的骗术，麦道夫竟然真的做到了！他把新投资者的钱拿来当作投资回报支付给老投资者，让老投资者以为它们是股市的收益。实际上只要有新的客户把钱交给他投资，骗局就能一直维持下去。

麦道夫的高明之处在于，他营造了一种"高贵"的排外气氛：要想找麦道夫投资，必须得有人邀请才行，很多人因为不符合条件而被拒之门外。当然，等到 2008 年他的丑闻大白于天下的时候，那些曾被他挡在门外的投资者都暗自庆幸，还好自己当时没进入那个"顶级俱乐部"。

这个故事的道理显而易见，但是也通常被人们忽略：如果某件事听起来好得让人难以置信，那么十有八九就是不可信。但是这并不意味着你要放弃投资，你需要做的只是提升自己的认知。

如果你愿意，你可以投资业务方向有利国民和业务能力较好的公司股票。最近一些研究发现，年轻人更偏好购买一些他们认为从事有价值的公共事业的公司的股票。这也就解释了为何在投资的时候，你的孩子可能也想投资那些所谓的社会责任型投资基金。比如说，他觉得身边的生活环境太糟糕了或者憎恶抽烟，你就可以很自然地跟他谈谈社会责任型投资基金是如何发挥作用的。有些人不愿意投资某些特定产业，例如烟草或者兵器产业，另一些人会青睐那些员工满意度高的公司，或者是那些拥有良好人权记录的跨国公司，还有一些人会选择投资从事节能或环保业务的公司。你可以在脑海里想象一下那个画面。这些基金能够让你的孩子坚持自己的投资原则，但是你需要确保他别被狡猾的公关给骗了。要避开那些高费率或者收取佣金的基金。

❮·· 大学时期：了解投资有关的概念

通常来说，大学阶段是每个家庭一次性投入最多的时期，但是大学也可以是一笔好的投资。一般说来，读完大学的孩子在一生中赚的钱要更多。但是大学生很少用大笔钱来投资，话虽如此，你还是应该让你的孩子了解一下这些与投资有关的概念。

你可以讲讲学校如何进行捐赠基金投资。20 世纪 80 年代，为了抗议种族隔离制度，南非的"撤资运动"愈演愈烈。如今，大学生们也抗议学校捐赠基金剥夺了他们对化石燃料等的投资机会，而一些大学对此做出了回应。他们说，如果你的孩子感兴趣的话，你就告诉他，他对环保商业行为及人权纪录良好的企业的认可可以产生有意义的影响。你可以建议他去查一查"责任捐赠联盟"的网站，该组织由学生创建，旨在帮助大学生弄明白如何发起自己的撤资行动。

把钱放到货币基金里。多数大学生都没有什么闲钱，不仅如此，他们也不想损失一分钱。从长远来看，股票投资有可能会跑赢银行存款，而且股票每年都会上下浮动。而一名大学生很难承受这种波动。有一种货币市场基金，又叫货币基金，它是一种特殊的共同基金，为储户提供了另一种选择。货币基金具有高安全性、高流动性和稳定收益性，可以随时取现且不收取任何手续费。而且在以前，货币基金的收益比银行存款还高。（尽管货币基金不同于银行账户，后者由美国联邦保险存款公司提供保险，到目前为止，货币基金仅有两名客户曾经有过亏损，即使是这样，当时也只是亏损了很少一点钱。）近年来，货币基金的费率跟银行存款一样低，有的时候比银行存款还要低。但是，如果你玩过过山车（或者做过投资），你就知道有降就会有升。而且尽管货币基金没有担保，你还是要经常关注货币基金，因为等到你的孩子上大学的时候，货币基金的费率就可能已经升回来了。

想象满脸皱纹的你变得更加富有

研究员前不久在斯坦福大学做了一项研究，研究发现，年轻人很不擅长存钱，部分原因在于他们认为自己还很年轻。这个实验中有一个虚拟的技术实验室，一组学生能够看到自己现在的虚拟形象，而另一组学生看到的却是自己 70 岁时候的虚拟形象。研究员鼓励两组学生通过操控实验室中的虚拟形象进行移动并和组内的其他人的虚拟形象交互，然后再询问两组的组员一些相同的问题，其中的一个问题是他们将如何分配利用突然得来的 1 000 美元：给爱人买礼物、投资退休账户、出去吃喝玩乐，还是把钱放到支票账户里。令人吃惊的是，跟那些看到自己现在样子的学生相比，看到自己 70 岁虚拟形象的学生希望放入养老账户的钱要多两倍多。给这些早熟的"老年人"加一分吧。

成年初期：鼓励孩子进行投资

对于那些刚步入社会的大学毕业生来说，他们拿着微薄的工资，背负着学生贷款，还得支付各种大笔账单，投资听起来似乎还很遥远。下面就是你鼓励孩子投资时应该说的，尽管一开始他只有少量钱做投资。

明白你处在风险表的哪个位置。民意调查显示，二十几岁的年轻人很惧怕股票投资，这毫不奇怪。经济形势仍不明朗，华尔街充斥着各种谣言（且不是空穴来风），许多人都听自己的长辈抱怨过资本市场被垄断不利于小投资者的故事。他们这代人恐惧并憎恶投资，还得归功于瑞安·库柏（Ryan Cooper），库柏是《伦敦周刊》的一名财经记者，他曾报道："看一眼401K的小册子，就好像脖子被撒旦邪恶的手掐住一样。我宁愿穷一辈子，也不愿意拼命琢磨哪种投资方式更靠谱。"

我在前文已清楚地提到，孩子把钱放进股市也是一种可参考的重要投资方式。具体投多少钱则取决于他的年龄、目的以及风险承受力。拇指规则曾经很流行，讲的是用100减去你的年龄，然后按这个差值分配股票，再用剩下的钱购买债券和货币基金。与其他一般规则相同，拇指规则应当具体情况具体分析，但是对于新投资者而言，拇指规则还是很实用的。其大意就是，当你距离退休年龄越近时，你的风险也越小。这也是为何我说股票投资不要做短期的原因，也就是说股票投资时长应至少不少于5年——跟购房的首期付款一样。投资主要针对的是长期投资者。

如果公司有401K计划，别犹豫赶紧签署并将其最大化。简单来说，401K计划就四个字：免费的钱。不管孩子收入有多低，如果他的公司能提供跟他的工资相匹配的 401K 计划，他还不把钱放进去的话，那么无异于让钱白白从指尖溜走。许多公司提供两种退休账户，即传统 401K 账户和罗斯 401K 账户。一般来说罗斯 401K 账户是更好的选择。尽管存钱时需要缴税，但当你退休的时候，从罗斯 401K 账户取钱是不需要缴税的。而传统 401K 账户则是存钱时不收税，但是当你退休取钱时就需要支付提取税了。一般来说，你可以假定孩子现在的税率应该比他退休时的要低——因此，我建议你选择罗斯 401K 账户。

当然，你的孩子还需要知道怎么用这笔钱来投资。在退休之前最好不动这笔钱。（401K 账户和个人退休金账户的官方退休年龄为 59 岁半，听起来有点怪。）因为你的孩子才二十来岁，离退休还有很长一段时间，因此他可以将 401K 账户的钱用来投资股票，例如你可以投资低成本指数基金和交易所交易基金。有的公司还通过一些投资理财公司免费给员工提供投资建议，如财务引擎网（FinancialEngines.com），它们能够帮助你选择最佳的 401K 账户。这对刚入职场的大学生很有帮助。不管怎样，如果公司让你的孩子买自己公司的股票，建议他不要买。因为把所有身家放到一只股票身上，尤其还是自己公司的股票，实在是太冒险了。如果公司经营不善，不仅他的退休储蓄有风险，就连工作都有可能保不住。

孩子求生（至少应该知道）的 10 条投资规则

第一，好的投资者不等于完美的投资者。 作为一个新手，在做每个投资决策的过程中都会感到很痛苦，而且之后还会感到极度紧张，不知道自己的决策是否是最优决策，这都很正常。美国国家经济研究局最近针对有退休金账户的人群所做的一项研究发现，那些了解投资基本知识的投资者可能会比几乎一无所知的投资者多赚25%的钱。他们也不一定都是投资天才，只是明白一个简单的道理：股票有可能跑赢债券和现金，在评估自己的风险承受能力后，可以选择投资股票。

第二，学会偷懒。 把钱放到股票指数基金（沃伦·巴菲特对此深信不疑）或者交易所交易基金里。如果你能按照我说的做，你可能会比那些一辈子都在追踪股票走势的专业投资经理赚得多一点。事实上，一项研究发现，在一大群投资者中，20% 交易最多的投资者比 20% 交易最少的投资者赚的钱少 38%。

第三，不要支付高额手续费。 读到这里你可能有些不耐烦，但是我们来算一下：假如你把 1 000 美元放到费率为 1.5% 的基金里，同时再把 1 000 美元放到费率为 0.2% 的基金里，如果它们的收益率都为 7%，那么 30 年后，前者基金账户累计金额 4 984 美元，而后者累计金额则为 7 197 美元。你现在明白为何手续费很重要了吧。

第四，减少税款。 将钱放到 401K 账户和个人退休金账户，然后坐等钱生钱，因为这两种账户均享有税收优惠。就这么简单。

第五，可靠情报会害了你。 下次家庭聚会的时候，当你的梅尔文叔叔告诉大家他有内部消息：有家新兴生物医药公司的股票要大涨。你要做的只是微微一笑向他表示感谢，然后回到自己家里什么也不要做。因为对于一般投资者来说，根本就不存在所谓的可靠情报。如果有，最先知道的也只是华尔街的投资大咖们。如果真是只有你的梅尔文叔叔知道的内部消息，很可能他已经被关进牢房了，哪还可能出现在下次家庭聚会中。因为他泄露了内幕，这属于违法行为。

第六，要想攒够钱，选择自动化。 人们习惯性地认为，积攒大笔储备金的最佳方式是要成为一名伟大的投资者。当然，如果你能做到也很不错。但是，即使是幸运女神眷顾，也无法让你攒够足够的钱。一旦你签署401K退休计划，你的薪水有一部分会自动转到账户里。（这是你想要的：现在投入一小撮，将来回报一大把！）如果是个人退休金账户的话，确保要设置一个扣取额度，定期从支票账户扣取相应资金。

第七，多元化至关重要。正如我反复强调的，可以用钱投资股票指数基金或者股票指数交易所交易基金，不要把全部身家寄托在一只股票上，多元化投资能帮你降低风险。

第八，不要把短期要用到的钱投入股市。如果你预留了一些钱，想在未来三年内用来支付房屋首付，或者在未来几个月内置办婚礼用品，把这部分钱放到安全性最高的地方吧，可以是储蓄账户、大额存单或者现金市场基金。千万别冒险把钱投进股市，尽管股票的长期收益率可能要高于其他几种投资，但是其稳定性低一些。如果股市没有按预期上涨而出现了探底，当你正需要用这笔钱的时候，钱可能已经拿不出来了。

第九，要有全球化思维。过去人们通常将国际股票看作高危投资，认为只适合那些真正胆大的投资者。如今，人们认为，可以投资少量国际股票指数基金——比方说，拿出投资总额的20%——使你的投资多元化。假如美国股市下跌，可能其他国家的股市还上涨了。

第十，复古玩具、古董和雕像都不是投资。还记得椰菜娃娃（美国推出的一种玩具系列）、豆宝宝、宝贝时光雕像和《拉文与雪莉》的便当吗？这些曾经都是当年最热门的收藏品，价格一度飞涨。但是如今网上到处都在兜售这些商品，价格也大不如从前——如果当年有人卖。如果条件允许，你可以买一些。因为未来它们可能就只剩这点价值了。

开通个人退休金账户（如果你还没有开过）。你的孩子应该首先想着把钱尽可能多地放到公司的401K账户里，但是这之后，他也应该考虑往个人退休金账户里放一些钱。我已经在前面的高中时期讲述过罗斯个人退休金账户的好处，但是此处我想讲讲传统个人退休金账户。它们的模式是，存款时享受缓征所得税，等你退休提款时将补征所得税。

我建议年轻人选择罗斯个人退休金账户的原因有以下几点：第一，如前所述，你的孩子现在的工资和税率会比将来退休取款时的要低，这是极有可能的。第二，不同于传统个人退休金账户，从罗斯个人退休金账户取款时不需要缴税，而且不会有任何惩罚措施。第三，开通传统个人退休金账户的条件更苛刻，而且很难享受全额抵税优惠。如果公司提供 401K 退休计划，你的收入上限必须为 62 000 美元甚至更低。而要开通罗斯个人退休金账户，你的收入上限为 118 000 美元。2017 年，这两种账户年存款额度均为 5 500 美元。为了方便理解，可以使用银行利率网上的罗斯个人退休金账户计算器和传统个人退休金账户计算器进行对比。

不管你的孩子选择以上哪种个人退休金账户，他都需要决定开通的地方和投资的方式。同之前一样，我的首选仍然是低成本的股票指数基金的组合（或者是股票指数交易所交易基金），然后可以选择诸如先锋集团等公司的低成本债券指数基金，他可以在这类公司开通个人退休金账户，其股票指数交易所交易基金中的一只股票——约为 100 美元。他还可以上财富前沿（Wealthfront.com），改良网（Betterment.com）或者西格图网站（SigFig.com），向在线顾问寻求免费指导，而且无须注册也不付费。你的孩子只需要填写有关他的收入、年龄以及风险承受力信息的调查问卷，这些公司就会根据填好的调查问卷，给出相应低费率的投资建议。

投资债券，但不要投入过多。债券的本质是企业、政府等机构在一定时期内向你发行的债务凭证。作为回报，发行者（企业、政府等机构）会支付利息并偿还本金。一般来说，如前所述，债券的收益率比股票低，但是风险小。和股票一样，债券也是以基金的形式发行，而选择债券主要是看成本，然后再选择成本最低的基金。债券可以分为长期、中期和短期债券基金。无论选择何种债券基金，你需要确保其费率要低于平均值，现在差不多为 0.5%。

还有一种安全性极高的债券叫通胀指数债券[①]，这种债券旨在帮助投资者抵抗通货膨胀，可以直接从美国财政部购买，而且没有额度限制。通胀指数债券要求至少放 1 年，如果在 5 年内赎回债券，还需要支付小额罚金——这也是通胀指数债券可以作为一种长期投资供孩子选择的原因，可以将来用来支付房子的首付。尽管最近几年的利率没有比储蓄账户的利率高很多，但在不久前，通胀指数债券提供的利率还是相对有吸引力的。所以，如果你的孩子想把一大笔钱放到安全的地方，可以考虑通胀指数债券。

---

① 通胀指数债券是联邦政府财政部发行的一种新的储蓄债券。——译者注

用增长的薪酬投资。钱赚得越多，花得也越多。但是仔细想想，涨工资也没有给你花更多钱的理由。实际上，有两位行为经济学家——理查德·泰勒（Richard Thaler）和施洛莫·贝纳兹（Shlomo Benartzi）就曾指出，如果员工能够采用被经济学家戏称为 SMarT（Save More Tomorrow，为未来存更多的钱）的计划，那么他们的存款账户上会多出一大笔钱。员工习惯性采用自动化扣款的方式，设定一个固定的比例，将钱存到个人退休金账户中，所以等到涨工资的时候，他们也没必要再专门提升这种存款的比例，或者也没有机会考虑用加薪多出来的钱再去投资。你可以鼓励孩子现在开始实施 SMarT 计划，让他学会用全部或者部分加薪投资传统个人退休金账户或罗斯个人退休金账户。

第 八 章

乐于奉献

Make
Your Kid A Money
Genius

2012 年，超强飓风"桑迪"登陆美国东海岸后，我认识的人纷纷给予受灾家庭资助。这场灾难给许多人的生命和财产造成了巨大损失，其破坏性之大，我们大多数人都未曾亲眼看见，尤其是我们的孩子。

儿子在上跆拳道班的时候，班上有个女孩的妈妈叫迪尔德丽，她跟我说，当她跟女儿提到在这场灾难中许多人的家被洪水给摧毁了，她们要给这些无家可归的人提供食物以及临时住所时，她的女儿表示有重要的话要说。迪尔德丽说，她本来以为女儿会为这场灾难及灾难中的人们表示深切担忧，结果女儿却说："请不要把我的花生酱给他们。"迪尔德丽一时哑口无言，她朋友们的孩子并没有比女儿大几岁，却都牺牲掉周末跑到纽约各地做灾后服务工作，而她心目中可爱的女儿现在却在"保护"自己最爱的零食。她满脸疑惑地问我："她怎么会这么自私呢？"

作为父母，我们或多或少都有过类似体会。有时候，自己的孩子缺乏同情心，做父母的我们会感到震惊，甚至感到羞愧。当然，也有如特蕾莎修女般善良的父母，他们会将沙盒里的铲子和提桶拿给任何一个想要玩沙盒的小孩。但是孩子天生就有很强的占有欲，你让他们把自己的东西拿给别人，即使是微不足道的小东西，如一件旧 T 恤衫或者是一瓶花生酱，他们都会本能地拒绝。

你可能很想朝他吼："你当真不愿意把那个你碰都没碰过的层层叠玩具拿给那个连家都没有的可怜孩子吗？"不要朝他发火，因为那样做只会让孩子疏远你。相反，你要跟他讲清楚，给予他人是你们家庭价值观念很重要的一部分。你会给予他人，他也必须学会给予他人。就这么简单直白地告诉他就行。

如果你的孩子不理解你所说的，不要担心。让他采取行动就行了。重要的是你的孩子去做了，不管是纯粹出于义务，还是为了拿学分，又或者是出于善心。所以，振作起来吧！据经济学家的发现，随着年龄的增长，孩子会变得更加慷慨无私。

以美国和平部队为例。几年前，当经济衰退到低谷的时候，申请加入美国和平部队的人数猛增。有些人认为，这证明这一代年轻人明白了什么才是生命中最重要的东西；其他人则认为，他们申请加入美国和平部队，只是因为当时的就业形势太恶劣。（等到经济复苏时，申请加入美国和平部队的人数骤减。）不管他们出于哪种动机，都不能抹杀这些志愿者做的好事。

此外，孩子喜欢的慈善公益活动或者公益项目对他们有很多好处。有研究表明，慈善捐赠——特别是自愿而非强制性的慈善捐赠——能够让人更快乐。

要想让孩子拥有慷慨无私的品质，家长需要真正用心反思。哈佛大学教育研究生院针对1万名初中生和高中生做了一项调查，调查指出了一个"言语/现实差距"。该调查发现，尽管大多数家长都说他们希望孩子富有爱心，但是事实上他们更关注的是孩子的个人成就。所以调查结果显示，大多数孩子都同意"与成为班上或者学校爱心团体的一名成员相比，取得好成绩会让我的爸妈感到更加骄傲"这个观点，这样的结果一点儿也不令人意外。

本章将讲述如何培养孩子先奉献再收获快乐的习惯，没错，我说的就是奉献的快乐。

幼儿园时期：向孩子传递奉献的信息

大多数小孩子都能对朋友和家人表现出友好，等到 4 岁的时候，随着身体发育愈发完全，他们甚至能够对陌生人表现出友好。

所以你要向你的孩子传达对人慷慨无私的态度。

赠予罐很重要。许多家长喜欢我在第二章提到的"三个罐子"理财法，即用三个罐子分别存放储蓄、消费和赠予的钱。但是有些父母认为，让孩子每次拿出 1/3 的钱放到赠予罐里太不现实，因为毕竟多数成年人也不会拿出那么多钱来做慈善。所以，千万不要太纠结于这些细节问题。你只需要让孩子留出一部分钱用于做慈善——可以是 30%、20% 或者 10%。然后你需要确保孩子每次攒钱时会拿出一部分放到赠予罐里——无论是从爷爷那里得来的压岁钱，还是从地上捡到的硬币，或者是从你那里得到的生日礼金。

接下来这部分很有趣：把钱捐给他人。这个年龄段的孩子通常对慈善事业没有明确的概念，不知道应该要将钱捐到哪里，所以你需要指导他们。《培养乐善好施的孩子》（*Raising Charitable Children*）的作者卡罗尔·威斯曼（Carol Weisman）曾建议父母这样提问："如果你能够改变一件事情，会是什么事？"等孩子回答后，紧接着问他有什么事情令他很烦心，是电视上报道的一个遥远国家发生的灾难，还是附近发生的一件事情？例如，他认识的一个邻居身上发生的事，或者是他的表兄妹患了遗传病。小孩子可能不会把电视报道的地震与救灾组织捐赠这两件事情联想到一起，这就需要你负责帮助他把两件事情联系起来。即使是这个年龄段的孩子，他们也能理解那些具体且关联性强的事情。

有些人很富足，有些人难以为继。在丹尼丝很小的时候，她让爸爸给她买辆新自行车，她的爸爸回答道："很抱歉，我们买不起。"

"我们怎么这么穷呀？"丹尼丝嘟囔道。

"穷？"爸爸答道，"我让你看看什么才叫穷！"

当时已经是晚饭时间了，但是丹尼丝的爸爸气得火冒三丈，开车带着全家人来到了一个陌生的镇子，丹尼丝一看就知道，这个镇子跟她家那个中产阶级社区很不一样。最后，车子在一座房子前停了下来，这座房子外墙上的油漆已经脱落，门廊处还放着一台旧洗衣机，还有一个被铁丝网围起来的院子，院子里有两个小女孩在蹲着玩泥巴。"那才叫穷。"爸爸轻声说道。然后他们就开车回家了，等车开进她家车道时，他们突然发现自己那个不起眼的房子这会儿看起来就像宫殿一样。后来，也有过几次，丹尼丝想要买东西，家里说买不起，但是她再也没有抱怨过家里"穷"。

你可能不习惯采用这种生动的策略。这个爸爸很聪明，他懂得用事物的相关性来教育孩子——而且还懂得用这种令人难忘的方式让孩子深刻地记住要谦逊。实际上，还有一种方法是不要直接用"穷"这个词，因为这类词会让孩子认为自己跟那些需要帮助的人之间有距离。这也是纽约市施派尔传统学校的合建者康妮·伯顿在跟小孩子交流时，习惯用"很多"和"不够"这类词来描述人们拥有或者缺少某种东西的原因。

奉献也是收获。这不是简单地让做父母的感觉良好的一点安慰。英属哥伦比亚大学的心理学家发现，小孩子能够感受到给予所带来的快乐。研究人员给那些刚学走路的孩子每人一个猴子木偶，然后分别给孩子和木偶一个空碗。研究人员接着倒了些金鱼型饼干在孩子的碗里，通过"情感编码器"分析孩子的面部表情，研究人员发现孩子们感到很开心。但是当孩子们知道木偶们没有饼干吃时，他们会从自己碗里拿出一些饼干给木偶，结果发现，孩子们这时候比之前更开心。所以不要低估你孩子的奉献能力，即使有时会以牺牲他自己的利益为代价。

请从现在开始实施慈善配套方案。研究进一步证实了筹款者早已知晓的道理：如果有配捐的话，人们会捐更多钱——比如，捐赠者表示，如果在一定时期内能够筹集 10 000 美元，他愿意再捐 10 000 美元。你可以跟孩子做类似的事情。例如，如果他每捐出 1 美元，你也给他关心的慈善机构捐出 1 美元。但是，不要觉得你要拿出更多的钱才能让你的孩子成为一名捐赠者，因为有研究表明，在激励孩子给予这件事情上，2 ∶ 1（孩子每捐出 1 美元，你捐出 2 美元）的配捐并不比 1 ∶ 1（孩子每捐出 1 美元，你捐出 1 美元）的配捐作用大多少。重点是杠杆式捐赠能够激励孩子去给予，而不是配捐的具体数量。等孩子大一点，能够拿出 25 美分或者 50 美分捐款时，你采取这种措施，就能让他看到慈善的力量。

适合孩子做慈善的六大绝妙之地

当你鼓励孩子给予他人时，你需要帮助他们找到这种慈善事业，即孩子的小捐能够产生巨大的影响，而且这种影响还能看得见。如果你的孩子需要一些建议，我给你推荐几个超级棒的慈善机构，而且你还能够看到实实在在的效果。

第一，国际小母牛组织。国际小母牛组织是一家致力于救助全球贫困和饥饿人群的非营利性慈善组织，向全球范围内的贫困家庭提供家畜（如山羊、猪、鸭、美洲驼以及小母牛）和农作物。捐款额与受助家庭想要购买的物品相关，所以你的孩子就知道他捐的钱到底花在哪儿。10美元能帮桑给巴尔①的贫困家庭买一只山羊，25美元能买一头水牛，50美元能买一头奶牛，有哪个孩子不会感到兴奋呢？

第二，"让孩子不再饥饿"。"让孩子不再饥饿"是由一个叫作"献出我们的力量"的非营利性机构发起的活动，旨在帮助美国儿童摆脱饥饿状况。"让孩子不再饥饿"基金会为学生提供营养食品，并教父母如何花很少的钱给孩子准备健康营养的饭菜。如果你的孩子无法想象有小孩饿着肚子去上学，他应该把钱捐到这里。只需要10美元，你的孩子就能够为那个吃不饱的孩子买上够他吃上100顿的饭菜了。

第三，"KaBOOM!"。与没有娱乐时间的孩子相比，经常玩耍的孩子更健康，更富有创造力，而且能够掌握更好的社交技巧。"KaBOOM!"与当地非营利组织及全国性非营利性组织携手，旨在为社区尤其是低收入社区搭建儿童游乐场和操场。等到你的孩子下次过生日的时候，你可以通过"KaBOOM!"的网站帮他捐款，作为他的生日礼物。

第四，大自然保护协会。通过这个自然环境保护组织，你的孩子可以捐出25美元，用来"认领自然保护区的1英亩地"。他可以从五大地区中"挑选"出1英亩进行认领，同时会收到一套认领证明，包括证书、照片及其他相关物品。

第五，铅笔的承诺。这个教育非营利组织旨在帮助发展中国家（如危地马拉、老挝等）缺少教育的孩子建立学校，培训师资同时提供奖学金。其所有捐款全部直接用于项目建设，很少发到慈善机构。如果你的孩子每个月定期给铅笔的承诺慈善组织项目捐款，哪怕只是10美元，他也会收到他所资助的孩子们的照片及视频信息。

第六，捐献者的选择。该组织将捐赠者与公立学校的老师连接起来，老师会在网站上发起教案经费的需求。孩子可以选择喜欢的

---

① 坦桑尼亚联合共和国的组成部分。——译者注

教案，捐出一点钱，哪怕 1 美元也可以，来帮助老师们购买上课用的彩色粉笔，支付班级校外考察的车费，甚至资助一个教案，例如在亚利桑那州小学科学课上搭建一座蝴蝶保护站。

小学时期：明白如何用时间和金钱来帮助别人

这个年龄段的孩子能够更好地理解他人的需求。我可以给你几点建议，帮助你的孩子明白如何善用时间和金钱（即使在钱不多的情况下）来帮助他人。

贡献时间也很重要。我的朋友菲尔有三个孩子，有一年（三个孩子当时分别为 13 岁、11 岁和 6 岁），他们一家人去了教会的一家救济厨房，并在那里为无家可归的人做圣诞晚餐。厨房的工作人员很高兴能够多几个帮手，但是菲尔发现，尽管在节假日期间看起来会多一些人手来帮忙，但是与平时相比，节假日期间的人员配备更不足。所以他和家人决定每个月抽出一个周六去帮忙。在这种志愿者的定期帮助下，救济厨房能够为更多的人提供食物，即使在不太繁忙的日子里，他们也对菲尔家人给予的帮助表示感激。如果可以，你可以找个全家人都能参与，且能够产生积极影响的公益项目。志愿服务活动说明"钱不是万能的"。

在孩子生日那天送他人一件礼物。孩子们都喜欢在生日那天收到礼物，而且有些孩子觉得，在自己生日当天去商店给那个家里买不起礼物的孩子买礼物会让自己快乐。我认识一个叫梅丽莎的妈妈，通过加入一个叫作"生日伙伴"（Birthday Buds，网站为Birthdaybud.org）的组织，将自己 5 岁大的儿子裘德与纽约市的一个低收入家庭的孩子配对。自己的孩子为另一个孩子提供生日礼物，如好玩的玩具以及一些生活必需品，而如果没有他的帮助，那个孩子由于自身家庭经济的原因，根本买不起这些礼物。

在儿子快过生日那天，梅丽莎和儿子裘德不仅了解到，他的生日伙伴喜欢托马斯玩具，而且还知道他需要雨鞋和牙刷等必需品。看到裘德的生日伙伴列出的愿望清单，不仅是裘德，就连妈妈梅丽莎都目瞪口呆，觉得难以置信。梅丽莎说："下次如果我再抱怨，请一定提醒我有多么幸运，因为我根本不会担忧没钱给儿子买牙刷。"梅丽莎和儿子一起去银行，从裘德的存款账户里取出 40 美元，让裘德给他的生日伙伴买了清单上的礼物。养成让孩子在过生日或者其他时候给予他人礼物的习惯，能够有效地培养孩子慷慨的品格，还能让孩子感恩自己拥有的一切。

买新物品前，别忘了捐出一件旧物品。我的朋友萨迪还小的时候，她家就一直遵守这个规则。如今作为几个孩子的母亲，她也要求她的孩子遵守这个规则。"如果我们买了一双新鞋，我们就必须把那双我们不再穿的旧鞋捐出去。"萨迪回忆道，"这能够让我们明白自己真正需要的是什么，以及别人是否有急需。而且这个习惯也让家里更整洁。"这个规则还有另一个好处，它能够让你的孩子自己拿主意——并不是你来告诉他要捐哪件东西，他只需要捐出某件东西即可。在壁橱或者其他指定地方放一个袋子，专门用于存放家里定期需要捐出的物品。如果衣服穿不下了，或者你不想穿了，就可以将衣服捐给需要的人。你可以将衣服捐给救世军或者慈善组织，然后取得你的捐赠收据。如果你的孩子不让你把衣服捐出去的话，不要强迫他。有些孩子只是还没有做好准备，你可以告诉他，你相信等他长大后，他肯定也愿意和妈妈一样把衣服捐给他人。

不要对乞讨的人视而不见。任何一个生活在大城市的人应该都有过这样的经历，当你带着孩子在马路上走的时候，路边会有人向你乞讨。有的人通常捐一两美元零钱，也有的人觉得直接给乞讨或者伸手要钱的人钱算不上好办法。不管你怎么看，你不能对此视而不见或者充耳不闻。如果可以，你可以说："不好意思，今天没带钱。"有时候，你的孩子可能会问你，蹲在路边，身旁还放个牌子的那个人或者睡在面包店壁炉旁的那个人是怎么回事，即使那个人没有向你们乞讨。不要把孩子的这些问题不当回事儿。你不一定要马上跟他进行深入探讨，毕竟你正赶时间送孩子去上学或者去上班，你可以晚一点跟孩子解释。如果你认为不应该直接把钱捐给乞讨的人，你可以告诉孩子，自己是如何把钱捐出去的（例如，把钱捐给当地一个帮助酗酒者的非营利组织，或者捐给一个你认为也很重要的其他慈善组织）。

从当地的公益活动做起。新闻头条经常会报道，世界某地发生了自然灾害或人道主义灾难，孩子会被这些消息吸引，并且想要帮忙，这是可以理解的。但是对于小孩子来说，要把自己义卖存的钱和遥远的海啸灾民联想到一起，实在不太容易。你可以选择当地的公益活动，这样孩子可以亲眼看见自己的给予所起的作用。不管是帮当地社区选举发传单，还是为支持社区公园采集签名信息，这些可以亲身实践的当地公益活动能够让孩子看见实实在在的效果，还能让你和孩子都意识到一些平时并未留意的社区问题，如饥饿和无家可归的人群。

你的小孩子爱护动物吗？如果当地的一家动物收养所正急需食物捐赠，那么为购买狗（猫）粮筹钱并用筹到的钱购买狗（猫）粮，捐给收养所的动物吃，是一件有益且快乐的事情。只是要小心一点，别让你的孩子偷偷地带走一两只小动物。

讲讲你和孩子需要捐赠的原因。只是靠你自己做做榜样，让你的孩子看见你在贡献时间和金钱，这些还不够。要想将你的孩子培养成一名乐于给予的人，跟他讲你在做什么以及为什么这样做很重要。这是联合国基金会协同印第安纳大学妇女慈善研究所最近做的一项研究所得出的惊人发现。研究人员对 900 个孩子的慈善行为进行了为期一年的跟踪调查，然后再与六年后的数据进行对比。研究发现，与父母未谈过慈善为何重要的孩子相比，那些父母跟自己讲过慈善为何重要的孩子，为公益事业做慈善的可能性更大。不要担心这像是在炫耀自己做的好事，相反，你可以跟孩子讲，自己正在从事哪种公益事业，捐款如何起作用，以及你的捐款如何纳入自己的预算。你可以利用假期的好时机来告诉你的孩子，他可以每年定期存一笔钱用于捐赠他人，就跟平时定期存一笔钱用来给家人和朋友买礼物一样。

要言出必行

　　我们兄妹三个生下来的时候，我的父母都会拿出一些钱放到19世纪古老的慈善捐款箱里，以他们的名义捐给当地的一家犹太博物馆。这个做法不仅是为了庆祝我们的出生，更是为了让我们时刻谨记慈善不仅是一种值得坚持下去的习惯，更是一种发自内心的对他人的关爱。

　　不管你的捐赠出于什么目的，你要确保将自己的慈善信念传给你的孩子。芝加哥大学的简·戴西迪教授（Jean Decety）主持的一项国际研究发现，在5~12岁的孩子中，那些自认为父母及家庭里的其他成员都乐善好施的孩子实际上不够大方。（研究人员用一种叫作独裁者博弈的测试法来测量利他主义，给每个孩子一个与其他孩子分享礼品贴纸的机会，结果有的孩子比别的孩子更愿意分享。）

　　怎么会这样呢？戴西迪教授和他的同事推测，这可能是一种叫作"道德许可"的无意识现象作用的结果——自己过去的道德行为给了自己一个许可证，让自己以后可以少做有道德的行为。换句话说，就是经常履行自己信仰的人可能会觉得，自己有资格少做好事。所以，不管你是出于何种心态或原因做慈善，你都要教导你的孩子要重视捐赠。

初中时期：让孩子明白慈善是力所能及的帮助

　　这个年龄段的孩子可能会觉得自己没有那么多钱或者时间来

做捐赠。其实真正的慈善指的是力所能及的捐赠，即使数量有限。捐一点点零花钱或者生日得到的钱，或者利用课外时间做做志愿服务工作，这些都是可以操作的，而且还能让你的孩子感恩自己所拥有的一切。以下几点将告诉你如何给你的孩子传达这些期望。

　　同等对待慈善工作和孩子的小提琴课。当你的孩子不想参加网球训练或者不想去教会学校时，你可能会反对他这么做，因为你认为他应该遵守这些承诺。养成持之以恒的习惯能够让老师对他产生好印象，以后也能得到雇主的青睐。捐赠他人也是一样的道理。尽管这么说，还是要给你的孩子以及你自己制订一个切实可行的日程表。不要只想着愿望要多么高尚，多么充满英雄色彩，以至于让孩子许下他无法信守的承诺。相反，你可以跟孩子探讨几种方案，然后再确定哪种方案可行。如果你的孩子不能每周抽出时间做志愿服务工作，那么隔一周呢？如果他不能在社区公园做 3 小时的轮班服务，那么在学校图书馆花 1 个小时把读者们归还的图书整齐摆放在书架上呢？如果你强烈要求你的孩子做一些超过他能力范围的事情，那么不仅你没有给孩子上好"持之以恒"这堂课，而且还让慈善组织处于两难的境地。

　　想想他人真正的需求。这个听起来似乎很容易，但是你和你的孩子在花费时间和金钱去做慈善之前，你需要找出这个慈善组织真正的需求，这很重要。以食品募捐活动为例，孩子们都很喜欢这个活动而且这也是一种常见的慈善活动。去商店帮你的孩子挑选他最喜欢的汤，然后将一些买好的灌汤捐给食品募捐活动组织者，这些事情都很有趣。但是还有件重要的事情是，美国的多数粮食机构都能够进入一个网站来获得食品产业捐赠的各种各样的食物，包括一些美味的健康食品，但是这些食品出于某些原因而无法再销售，例如，贴错了标签的罐头。捐钱可以让这些粮食机构仅需支付每磅几美分的手续费，就能在网站上购买到他们真正需要的食品。

本着力所能及做公益的宗旨，我的一个朋友和她的儿子给当地一个收容所捐了一台笔记本电脑，并免费辅导电脑操作课。几个月后，他们发现电脑基本没人用，而且只有为数不多的几个人报名要上电脑课。当他们问收容所真正需要什么时，答案却是毛毯之类的更基本的生活必需品。如果你真的想要做点好事，别忘了给慈善组织打个电话或者带着你的孩子去实地拜访，了解他们真正的需求。在谈话过程中让你的孩子用心倾听，他会明白好的给予者还得是一个聪明的给予者。

帮助你的孩子理解他人的经济状况。苏珊带着她的双胞胎儿子去了一趟收容所，在回家的路上，其中一个儿子问道："如果他们有钱去吃麦当劳，为什么不自己在家做饭呢，做饭不是更省钱吗？"一开始苏珊感到很恼火，心想自己的孩子怎么能如此轻率地说出这种话。过了一会儿，她意识到实际情况，她的两个孩子认知有限，当然不知道如何将已有的经验应用到他们救助的那些人的生活中。"我向他们解释说，自己烹饪新鲜的食物并不总是比吃快餐便宜，然后告诉他们接受帮助的那些人家里没有炉灶、冰箱以及锅碗瓢盆。"苏珊回忆道，"跟他们讲了很长一段时间，他们才终于明白我说的话。"

　　孩子了解社会现实的一个重要途径是与自己的父母谈论时事。实际上，一项针对近 600 名美国中西部初中和高初学生的研究发现，与父母谈论新闻时事的孩子能更加深刻地认识到收入差距问题。而且他们也不太相信"穷人之所以穷的原因是他们不聪明或者工作不努力"的说法，而有研究表明，许多美国人对这个说法深信不疑。你的孩子对周围的世界越了解，他就越能够明白他人的处境比自己更具挑战性。

　　当你捐赠的时候，鼓励你的孩子也要捐赠。如果你定期给你所关注的慈善组织捐款，或者特别注意在节假日期间给需要帮助的人或者特定的公益组织捐款，别忘了也要把你的孩子考虑在内。我认识一个女人，家里一直都不富有，每逢圣诞节的时候，不论家里还剩多少钱，她的爸爸都会开一张支票，捐给国际救助贫困组织，一个专门为贫困家庭提供食品和医疗服务的国际慈善机构。她从中不仅了解到给予他人很重要，而且明白世界上还有许多人不及她富有，所以她应该感恩。也许你家的初中生没有多少钱，你可以鼓励他存点钱捐给他认为最重要的公益事业。正如此前所述，捐钱与捐多捐少无关，但是建立经验法则也不是没有道理，即让你的孩子捐出他存款的10%。例如，10 美元的10% 只有 1 美元，但是每次将 1 美元存到罐子里，时间久了钱也就多了。

　　不要过度夸奖你孩子做的慈善工作。一个叫吉姆的 13 岁女孩告诉我，她和她的朋友安娜去教会做志愿者，帮助教会把大家捐赠的衣服分类。几个小时后，安娜的妈妈来接她们，然后一直夸奖她们，讲她们的工作多么重要，做志愿者多么了不起。"她的妈妈一个劲儿地重复讲，弄得我觉得一点儿也开心不起来。"吉姆说道，"让我快乐的不是这件事带来的感觉，而是亲自做这件事本身。"真是个聪明的孩子。作为父母，你的工作是帮助你的孩子养成给予的习惯，不要通过一个小小的慈善行为，给你的孩子灌输"我们真伟大呀"这种自以为是的思想。你要注意的是真正重要的事。

高中时期：让孩子在能够发挥影响力的地方给予帮助

研究发现，做志愿服务的青少年在社区工作和学习时更认真。重要的是你需要让你家的高中生决定把时间和金钱投入什么地方才能发挥影响力。

不要盲目跟风捐款。还记得几年前风靡全球的"冰桶挑战"活动吗？渐冻人协会发起这项挑战赛的人很聪明，想到利用社交媒体来宣传这项挑战赛，尤其是向年轻的捐赠者进行宣传。接受挑战的人需要录制在自己头上浇一桶冰水的视频，然后将视频内容发布到网上并邀请自己的朋友参与这项活动。活动的想法是让参与者给渐冻人协会捐款，然后利用募集的捐款资助肌萎缩侧索硬化症这种致命性的神经肌肉疾病的医学研究，同时让更多人知道这种罕见疾病。尽管有些人只是觉得好玩才参与这个活动，但还是有很多人大方地捐了钱。冰桶挑战风靡以来，协会收到了共计2.2亿美元的捐款。参与这种高调的慈善活动当然很有意义，冰桶挑战也创下了新记录，募集了大额捐款。即便如此，还有很多根本没人注意到的慈善活动。你可以跟你的孩子讲讲你认为值得他留意的各种慈善组织，即使这些组织没有被新闻报道。

不要花钱做志愿服务工作。有很多组织会为青少年提供全套旅游套餐，让他们去偏远的国家建房子或者教英语——然后收取数千美元的费用，这样孩子可以"提供回报"。毫无疑问，这些项目为孩子提供了丰富的国际化经验，增加了他们看待事物的新视角，而这些经验和视角是他们在其他地方都收获不到的。但是不同于真正的社区服务工作——其捐款大部分都会直接用于公益事业——这种项目通常是以营利为主的商业活动，用旅游的方式让青少年去体验世界。他们做的"慈善工作"也可能是一种产品，喜剧演员路易斯曾这样描述这种纯属浪费钱的项目："是的，你参加学校旅行活动去了危地马拉，他们告诉你，你献出了一份力，但实际上你什么都没有做。那家伙就像是在说'我家发生了泥石流，现在我需要配合下某个大学生体验生活。我干吗要这么做呢？'我只需要给他照张拿着铲子的照片，然后给他寄回去，这样他就可以把照片发到社交网站上。"对此，我真的是无话可说。

给予不意味着向他人索取。孩子很容易被对公益事业的热情冲昏头脑，以为所有人都跟自己一样有能力帮助别人。这时候你需要轻声细语地鼓励他，要考虑不一样的人有不一样的经济状况，需要根据具体情况做出相应的计划。例如，一个富人区舞蹈团的孩子想要举办一场慈善活动，打算邀请本地其他学校的舞蹈团参加。门票售价为 15 美元。尽管售卖门票的钱将捐给一个有意义的公益事业（捐给镇上一个缺医少药的社区中心），但那些学校里不太富裕的孩子家长也被这高价门票吓了一跳。尽管对于一些富裕家庭来说，人均 15 美元的门票并不算贵，对于其他家庭来说可能远超他们的预算。相反，以建议捐款的形式——可以是 20 美元——很可能会筹集一笔不小的资金，不仅可以让条件不错的家庭拿出捐款，也不会让对活动感兴趣的人因为买不起门票而无法参加活动。

将你的社区服务时间计算在内。 一些高中乃至一些学区都开始要求学生完成规定时间的社区服务才能够毕业。马里兰州政府就要求，所有高中生必须从八年级开始完成不少于 75 小时的社区服务才能取得高中毕业证书。如果你的孩子就读的学校也有社区服务的要求，你需要确保他能够顺利完成要求，但是不要以为这样你的孩子就能成为一名慈善之星。研究显示，从长远来看，强制要求学生做社区服务的学校培养的学生做志愿服务的可能性会更小，可能因为这种要求扼杀了孩子单纯想要帮助他人的美好动机。让你的孩子明白，不管学校有没有要求，付出时间和金钱是你信仰的一部分，还要鼓励你的孩子去做他自己觉得重要的公益事业。

你不能决定你的孩子外卖吃什么。 我曾听很多父母讲，孩子参加完志愿服务活动回到家后，开始质疑起自己家的价值观念及生活习惯，他们觉得很好笑，有时也迷惑不解，有时甚至会愤怒。

其中一位父亲告诉我，他的女儿在参加公园清理志愿服务后，竟然开始讨伐用吸管的人，并抛出她学到的一个数据：美国人平均每天要使用 5 亿根吸管。父亲很高兴女儿有环保意识，但是他并不愿意听女儿朝她的弟弟吼叫，因为他一点儿都不关心，当他买可口可乐的时候就意味着这个国家会堆满塑料垃圾。

当你觉得我们的孩子有些太过较真儿的时候，不要觉得自己遭受到了个人攻击。他们只是刚好用自己的方式弄明白了这个世界。如果你的孩子正在毫无根据地对某人进行人身攻击，你可以告诉他，自己很高兴他终于形成了自己的价值观，但是他还应该注意他人也有自己的价值观。等到他完全独立，他就可以穿着由危地马拉可持续硬木材编织成的衣服，向他的好朋友宣讲碳排放量，直到他的朋友斜眼怒视，最后都离他而去。但是到那个时候，他就必须接受家里需要汽车以及偶尔要使用塑料吸管这些事实。

捐款前需要回答的 3 个问题

当你的孩子需要购买大件物品时，评估信用卡时，或者选择某种投资方式时，你需要教他先做做调查研究，当你的孩子决定捐钱的时候，你同样需要确保他先做下调研。调研过程不会烦琐到打消孩子捐赠的积极性。但是，你的孩子应该学会如何聪明地给予。

第一，这个慈善组织是否是经认可的非营利组织？ 如果你考虑捐钱给某个慈善机构，你需要查一下它是否是登记的 501c3 非营利组织。也就是说，这个组织不是用你的捐款去营利。你可以利用美国国税局的免税组织检查工具，查看这个机构是否享有 501c3 资质。检查其非营利组织资质是防止你被骗的第一步。而且它还能帮助你和你的孩子不会因为在某些场合，比如在当地超市门口，被别人恳求捐款就乖乖掏钱。你可以礼貌地说"非常感谢，但是我在捐款前都会先做调研工作"，同时，给你的孩子传达一个正确的信息。

第二，这个慈善组织是否合理使用你的捐款？关注慈善组织的运行以及它所做的工作。其中一个有效的组织叫作商业改进局理性捐赠联盟（Better Business Bureau Wise Giving Alliance），该联盟利用包括有效性、索偿和筹资开支在内的 20 条标准，免费提供有关 1 300 个全国性慈善组织和 1 万家地方慈善组织的相关信息。

第三，这个慈善组织如何定义成功？你以为在慈善组织的年报和审计报告上真能看到什么实质性信息？更别提在它的官网了。如果你和你的孩子真的想了解更多信息，可以上以下两个免费网站看看，即 GuideStar.org 和 CharityNavigator.org，它们提供了几千家非营利组织的详细信息。

大学时期：确保孩子知道如何正确地做志愿服务

现实情况中，大多数的大学生都拿不出多少钱做捐赠，因为他们要支付学费、住宿费、书本费以及其他费用。但是这并不意味着他们不能贡献出自己的时间。另一个好处是，在大学时期做志愿服务会让他们有机会了解非营利行业。你需要确保你的孩子知道怎样正确地做志愿服务。

利用大学资源和教师资源做志愿服务。大学校园里随处可见各种志愿团体，大学生有各种各样的志愿服务机会。耶鲁大学的本科生发起"监狱项目"，帮助囚犯获得普通同等学力证书。马里兰大学帕克分校的学生发现学校食堂存在严重的食物浪费现象，发起了"食物回收网络"行动，如今已经发展成了一个国家公益组织，旨在将回收的食物捐给吃不起饭的人。鼓励你的孩子多留意校园里发起的志愿活动。

警惕"你消费我捐款"的承诺。有的公司承诺，你在每次消费的时候，他们都会捐出一定比例的利润额或者捐出一部分公司产品（如鞋、眼镜和瓶装水）给需要帮助的人。有的信用卡公司许诺会将你刷卡的有效消费的一定比例回馈给公益事业。有时候，在收银台结账时，收银员会问你是否愿意给某个有价值的慈善组织捐1美元或者2美元。从本质上说这些做法都没有错，通过这些做法也能够募集到巨额资金——那些钱本来还待在你的口袋里，如今却跑到那些需要帮助的人的口袋里了。

但是，注意你的捐款行为是否能够让你成为一个更有效的捐赠者。比方说，你自己买便宜点的鞋、眼镜或者瓶装水，然后将省下来的钱捐给你真正想要帮助的慈善组织，这样是否更有意义呢？那张所谓的慈善信用卡的利率和/或年费是否更高？如果真是这样，你能否换一张不同的信用卡，然后将省出来的钱捐给公益事业呢？将慈善行为与购物行为相挂钩，不仅很容易让你陷入消费的悖论，甚至会让你觉得过度消费也不是什么大问题。

提醒你的孩子志愿服务不会为他买单。别误解我的意思。如今大学校园里宣扬的利他主义和社会意识的确令人印象深刻，但是此时此刻认清现实也很重要。父母有权跟孩子讲家里的实际经济状况。虽然这话听起来有些难听，但是如果你的家庭预算有限，需要你的孩子找份暑假工来赚钱支付大学的花费，无法实现他想去哥斯达黎加救援濒危海龟的愿望，你也无须自责。如果在学年中，你的孩子开始对某个慈善组织或者事业表现出很大的热情，请鼓励他。但是如果他暗示你他不想继续做兼职，或者暑假不打算实习，你需要友善地提醒他，他需要帮忙赚钱来供自己上大学。你不想浇灭他对志愿服务的热情，但你还是需要设定一些现实的基本原则。一种折中的办法是，他可以在完成暑假工后做志愿者。

⊂·· 成年初期：做志愿者最好的时期

20 多岁是孩子做志愿者最好的年纪——甚至还能定期捐点小钱——因为他们很可能还没有成家生子，或者没有其他责任或者开销需要负担。此外，他们还会收获许多全新的观点。

找工作的同时别忘了做志愿服务。如果你的孩子跟大多数毕业生一样，想毕业就工作。如果运气不错他能毕业就找到一份工作，但是如果不幸没能马上找到一份工作，他可以利用空闲时间去帮助他人甚至帮助他自己。做志愿服务的人比没有志愿服务经历的人找到工作的机会要大 27%。可能这个结果并不让人觉得惊讶，因为做志愿服务的人通常会集中精力去找工作，而且更有决心。志愿服务能够拓宽孩子的人际交往圈，有时候通过志愿服务认识的人没准还能给他提供一份不错的工作。这可比他在面试的时候说"毕业后我已经看了150集的《法律与秩序》"要管用多了。

将部分工资捐给慈善机构。对于刚走出校门的毕业生来说，需要负担各种各样的开销，他们可能觉得慈善捐赠是个几乎不可能实现的目标。你可以建议你的孩子一开始只拿出工资的1%做慈善。刚毕业的大学生平均一年能赚5万美元——那么1%就是500美元，也就是每月大约40美元。对于许多年轻人来说这都是可操作的。随着你的孩子能够掌握好自己的开支情况（也可能没多久涨了工资），他可以提高捐赠的额度。在自己做慈善的同时，你的孩子还应该看看公司是否有提供慈善捐赠的配捐活动。事实上许多公司都提供。（另一种让你的孩子用他的钱做好事的办法是，做一些有社会意识的投资。）

不要仓促决定是否捐钱。我们许多人都倾向于当场捐钱，例如有人在马路上求助你，有人在电话上请求你，或者有人在脸书上发了一个捐款恳求，你通常当场就决定自己是否要捐钱。（不管你最后捐没捐，通常你都觉得很不舒服。因为捐得太多，你会觉得自己像个笨蛋；捐得太少或者压根没捐，你会觉得很内疚。）虽然听起来有些尴尬，但在你决定捐或不捐之前做做工作是很明智的做法。很多时候这都意味着延迟你是否捐钱的决定，这当然不是一件坏事。例如，当有人在电话上请求你给予捐赠时，很可能给你打电话的是慈善机构雇的电话销售员，你捐的大部分钱会成为他的销售提成。当然也可能是诈骗电话。你需要点时间搞明白到底怎么回事。告诉你的孩子，下次如果在大街上遇到拿着写字板的人向他讨钱，或者接到一个让他捐钱的电话，他可以找对方要个小册子或者网址，然后说他要在捐钱之前了解一下这个机构的信息。可靠的慈善机构大都会同意他这么做。

留存好捐赠收据。不管你的孩子是捐钱、捐旧衣服还是捐旧电脑，如果他逐条列举减税项的话，捐给带有 501c3 资质的慈善机构的钱可以为他减税（也就是说他要填写 1040 表格，而不是 1040A 表格或者 1040EZ 表格）。许多年轻人都不会逐条列举减税项，但是如果你的孩子捐了大笔资金给慈善机构，他最好还是列举下。如果他捐赠的是减税项，那么他有权享受扣除一部分税的权利，也就是比他原本要支付的税钱少。你可以上救世军和慈善机构的网站查看具体的评估指南。你的孩子具体能享受多大额度的减税优惠取决于他的税级。如果你的孩子捐了个价值 100 美元的旧沙发，就意味着你的孩子报税时会减免 25 美元（假如他的税级为 25%）。你要提醒他要遵守这些规则，同时留存好慈善机构发的捐赠收据，收据上会注明捐赠日期、慈善机构名称以及捐款金额。捐款金额大于等于 250 美元时，美国国税局要求慈善机构开具有效的捐赠收据才可以免税，而且收据上还要注明"捐赠者自愿捐赠，未接受任何商品或服务"。

第 九 章

你的孩子最重要的
理财决定：大学

Make
Your Kid A Money
Genius

亚历克斯是个打扮时尚的帅气的高中毕业学生，笑起来总是富有感染力，他不仅有着丰富的社交生活，每门课还都能拿到 B。当他被一所昂贵的私立学校录取后，他向父母提议：他不上大学，直接把家里原本打算用来支付他上大学的 20 多万美元用来投资一个叫作 Quick-E-kilt 的应用。通过该应用服务，只需要一个小时，美国各地的人都可以租到一条中意的苏格兰短裙，有 237 种氏族图案可供选择，而且有毛、丝及棉布等不同材质。（如果额外付费的话，顾客还能通过视频与一个漂亮的苏格兰女人聊天，听她讲解短裙的折叠方法及毛皮袋的储存方法。）

　　亚历克斯家境优越，父母长得很好看又会打扮，而且一直很支持亚历克斯的决定，这次也同意了亚历克斯的提议。只用了短短一年半的时间，他的小公司就吸引了知名风投公司高达1 500万美元的投资，他的事迹还被编制了一档电视节目，专门请知名主持人瑞安·西克雷斯特主持。

　　好吧，以上这个故事是我编的。但是有可能你偶尔也会听到类似的传奇故事，讲某个性情奇特的孩子没有上大学，后来自己创建了一个科技公司，还赚了一大笔钱，虽然听起来实在令人难以置信。言外之意大概是上大学很难控制成本，因而上大学纯属浪费钱。

　　那么让我们先看看现实：大学学位比以前任何时候都要值钱。不管你听到什么，读到什么，或者自己到底怎么想，事实是想要培养一个高财商的孩子，你能做的最重要的决定就是让他去上大学。大学毕业生在一生当中会比那些只持有高中文凭的人平均多赚100万美元。如果把大学开支、上大学的时间成本以及通货膨胀等因素考虑在内的话，一个大学学位一般也值30万美元。并不是说每个孩子都必须去念四年大学本科。还有一些收入还不错的职业——如执业护士、工业机械技工等——人们只需要通过正规的培训或者获得副学士学位，也可以在工作中充分发挥自己的能力。如果你的孩子也这么想，我建议你让孩子大胆去做吧。但是对于许多年轻人来说，上大学是找到一份好工作最佳的途径，这也是本章将介绍的主要内容。

尽管上大学还是很必要，但是游戏规则已经变了，它要求你必须是一个理性的教育消费者，这早在你填写第一笔大学学费支票前就注定了。第一步你需要重新审视有关大学花费的传言。可能你认为家人为了满足申请助学金的资格做得有点太过了，虽然大多数家庭的年收入在15万到25万美元之间，但实际上在非营利的私立学校里，仍然有70%的学生都有助学金的资助。又或者你认为公立学校肯定是花费最少的，但是等你将私立学校提供的助学金考虑进去后，你发现公立学校并没有便宜多少。再或者你坚决不想让孩子一毕业就负担各种学生债务，或者，你承认生活每天都在变化，但是永无止境的大学贷款还是无法避免。以上这几种观点都需要有所转变。

这章主要给你讲些存钱妙招、助学金申请妙招，以及与孩子直接沟通的方法。

几年前，我同一对年轻夫妻谈话，这对夫妻刚从大学毕业不久，两人还各自欠有大约10万美元的学生贷款——这可比平均水平要高很多，目前平均的学生贷款大约在3.7万美元。他们两人都是才华横溢的画家，都希望有一天能够成为童书插画家。尽管他们知道自己已经接受了大量的美术教育，但是当谈到要在背负着巨额债务下开始新的生活时，他们还是郑重地表示压力很大。我忍不住想，这两个成年人到底上的哪所大学？假如当时有人跟他们分别进行一次20分钟的对话，在他们头脑发热时告诉他们10万美元的贷款意味着什么，也许他们就会做些调研工作，然后发现州内公立学校或者另一所私立大学提供的助学金更高。又或许他们为了拿到更多助学金和奖学金会更加努力学习。我希望如果你们能采纳本章的建议，你们的孩子最后不会跟他俩一样。

在本书的大部分内容中，我都列举了一些具体的事例让你讲给你的孩子。本章略有不同，因为本章我主要是讲给父母们听的。

✺ 幼儿园时期：为孩子开通大学储蓄账户

确保你的孩子在接受高等教育的路上走下去，不是没完没了地把莫扎特的钢琴协奏曲塞进他的婴儿床，而是给他开通一个大学储蓄账户。

孩子出生时你要开始为他攒上大学的钱，等到他开始学步的时候，告诉他你在给他攒上大学的钱。这个也许听起来很荒谬，毕竟你的孩子连10美分和25美分都区分不出来。但事实是，有指定储蓄账户用来上大学的孩子比没有这类账户的孩子上大学的可能性要大。所有收入水平的家庭均是如此，年收入在5万美元及以下的家庭更显著。根据堪萨斯大学做的一项研究发现，如果这类家庭在孩子小的时候就开通大学储蓄账户，并开始存少量的钱，他们送孩子上大学的可能性至少大3倍。这个道理很简单，开通大学储蓄账户对孩子（以及家长）产生上大学的愿望有重要的影响。有充分的证据表明的确如此，旧金山甚至专门在公立学校设立了一个项目，给每个幼儿园小朋友开通一个大学储蓄账户，账户里至少放 50 美元。这个做法也开始在美国其他地方流行起来。

其中一个不错的选择是 529 计划，该计划中只要你的存款用于教育开支，就允许你不交联邦税。你要以你自己的名义而不是你孩子的名义开通这个账户，稍后我会告诉你这样做的道理。等你开通后，你可以看看是否有自动存钱的方法，每月自动从你的工资或者你的银行账户里扣掉一部分钱转到这个账户里，然后看着你孩子的大学储蓄金越积越多。

为上大学攒钱的 3 种方法

当你为孩子上大学攒钱时，你希望自己能聪明点。以下是有关储蓄的 101 纲要。

第一，529 大学储蓄计划。 由州政府资助的 529 计划可能是你为孩子上大学攒钱最好的选择，因为你无须交联邦税就能用收入来投资，前提是你的这笔钱用于大学开支。不管你收入多高，你都可以选择 529 计划。

几乎每个州都提供至少一项 529 计划，如果你不喜欢你所在州的 529 计划，你还可以选择其他州的 529 计划。但是选择其他州的计划可能会收取州或地方收入税，所以你要先查询一下。（例如，在密歇根州，529 计划每年最多 5 000 美元免税额——如果你已婚的话，则为 1 万美元免税额——当计算你的州所得税时。）

有些州提供"顾问销售"（有时也叫"经纪人销售"）或者叫"直销"

计划。一定要选直销 529 计划，因为该计划的手续费要低很多。例如，纽约的经纪人销售计划的手续费要贵 13 倍以上，几年后就意味着要额外交付几千美元的费用。一般来说，如第七章所述，收取高额费用的投资方式并不比费用低的投资方式多赚钱。

有些州和私立大学提供一种叫作预付学费计划的 529 计划，理论上该计划允许你按当前学费费率来预付孩子未来的大学学费，前提是你要保证即使未来学费剧增，你也能够支付得起。但是担保人并不总能信守承诺——已经出现过担保人不守承诺的例子。另一个问题是，你的孩子可能不想上该计划内的大学，或者没有被该计划内的大学录取，你不得不决定是否要将计划受益人换成你的另一个孩子，将钱转存到另一个教育账户里，或者如果不能用作大学开支，你把钱取出来的同时得面临税务罚款。

孩子出生的时候，你可以给他开通一个 529 计划，选择进行诸如指数基金的股票投资。虽然股票基金不稳定，但长期来看，专家仍然认为股票基金是可选的投资方式。尽管股市动荡不安，但股票中长期的表现相对良好。等到你的孩子快上高中的时候，你就需要开始选择如货币市场基金这类更为安全的投资方式，因为这类投资不会让你在急需用钱支付大学学费的时候还冒着股市暴跌的风险。还有一些 529 计划提供与年龄相关的投资组合，随着孩子越来越接近上大学的年纪，允许投资者更改更安全的投资组合。这类基金也是不错的选择，但是要确保其手续费不会高于你的 529 计划提供的指数基金的费用。还有一点要注意：在联邦政府条例下，允许你每年最多两次将钱转换到不同的 529 账户。

第二，Coverdell 教育储蓄账户。与 529 计划一样，Coverdell 教育储蓄账户也是一种投资储蓄账户，允许你无须缴纳联邦税就能用收入来投资，只要确保这笔钱用作教育开支。如果你年收入少于 11 万美元或者夫妻两人年收入总计少于 22 万美元，你每年最多只能投 2 000 美元到 Coverdell 教育储蓄账户。Coverdell 教育储蓄账户的一大优势在于：该账户也能用于小学或高中开支，如购买计算机、报课外学习项目、请家教，甚至包括支付私立学校学费。

第三，保管人账户。这类账户允许你以孩子的名义将钱存到账户里，而且按照你孩子的税率（当然比你的税率要低）对这类账户的收入征税。银行和共同基金公司均可设立保管人账户，《未成年人赠予统一法案》（Uniform Gifts to Minors Act）或者《向未成年人转移财产统一法案》（Uniform Transfers to Minors Act）不仅适用于大学储蓄的情形，还能适用于支付与孩子相关的其他开支的情形。（有些州习惯称之为 UGMAs，其他州称之为 UTMAs，不管叫什么，他们都是指的同一个概念。）

与 529 计划和 Coverdell 教育储蓄账户不同，保管人账户的收入不能完全避开联邦税。以某个特定年为例，通常存入的第一笔 1 050 美元不需要缴税，存入的第二笔 1 050 美元需要以你孩子的税率来缴税（孩子的税率通常很低，甚至为 0）。如果你的孩子小于 19 岁（或者是小于 24 岁的全日制学生），以后存入的钱都需要以你的税率来缴税。

该账户的一大缺点在于，等到你的孩子年满 18 周岁（有些州规定为 21 周岁）时，他就拥有了该账户的所有权。也就意味着，你必须确定你的孩子不会把你辛辛苦苦为他存的食宿费拿去买辆酷炫的玛莎拉蒂而挥霍掉，而且你不能将这笔钱转到你另一个可能要上大学的孩子的保管人账户里。还有一个缺点是，这类账户对于想要申请助学金的家庭来说算不上好事，因为大学习惯将 UGMA/UTMA 里的钱当作你孩子的资产，并期望其中的 20% 都会用于大学开支，这也就意味着你的家庭不需要更多的资助。

小学时期：让孩子对上大学这件事感兴趣

在这个时候强迫你的孩子考上你的母校有些过于疯狂，但是总的来说，现在让他为上大学做好准备并不算太早。

利用你孩子的兴趣让他对上大学这件事感到兴奋。当女儿上小学二年级的时候，安吉拉注意到她的孩子看起来对血格外着迷。她总是想用绷带给家人的伤痕或者伤口做包扎，而且深深着迷于她最爱的医疗剧中的手术特写镜头。尽管安吉拉觉得女儿的爱好有些不同寻常，甚至有些吓人，她还是决定跟女儿讲讲医生这个职业，优秀的医生如何救死扶伤，但是成为一名医生的前提是要上大学，拿到医学学位。如今她的女儿正在大学念医学预科，安吉拉终于松了一口气，因为她的女儿看起来以后应该会在急诊内科工作，而不是成为一名连环杀手。

当孩子还小的时候，你有各种各样的机会可以为他们创造与大学相关的梦想。如果你的孩子喜欢动物，告诉他兽医只有在取得大学学位后才能去料理宠物。如果你们搬新家，告诉他设计这个房子的设计师上了大学（或许还念了研究生）。你明白了吧？你不需要详细讲述拿大学学位需要修哪些课，只需要让这个年龄段的孩子知道，上大学是做那些很酷的工作的必经之路。

初中时期：给孩子讲讲有关大学的事情

等孩子到了这个年龄段，你可以跟他讲讲大学相关的事情。但是要确保你自己情绪平稳，不要焦虑。大学录取竞争很激烈，而且大学花费很高，你以后有的是时间来担忧这些事情。

带你的孩子去参观本地的一所大学或者你的母校。我们都希望自己的孩子能够找到他们热爱做的事情并能够有所成就，只要这个事情还有实现的可能——比如，做一些对世界有帮助的事，而不是成为麦迪逊广场花园的头条新闻——这会是获取大学学位的一个加分项。带孩子参观大学校园能够让孩子对未来上大学感到兴奋，用一种很好的、有意思的方式跟你的孩子讲大学为什么重要。（让他邀请一个朋友一起。）跟他解释许多过去只需要高中文凭的工作如今都需要取得大学学位。最近一项调查发现，以前大多数的行政助理都没有大学学位（只有19%的人有），但是如今65%的行政助理招聘岗位都要求申请人获得大学学位。

　　如果你热爱你自己所上的大学，多给孩子讲讲大学积极的一面（可以是启发你的大学教授，可以是你在大学结交的终生的挚友，也可以是你参加的一段难忘的体育团体活动）；相反如果你希望自己当时能够重新选择（比如选择文科而不是大学商科，或者选择一所小规模学校而不是一所大规模的州立大学），你也可以跟你的孩子分享。如果你没有上过大学并且觉得很遗憾，你可以跟你的孩子解释一下原因。我跟许多事业有成但未获得大学学位的人谈过，他们都很渴望当时能拿到大学学位，渴望能够了解更多有关亚里士多德的哲学知识，或者渴望能够在大学念市场营销的同时感受大学生活。正如我在本章开头就提到的，那些完成大学教育的人会比那些没有大学学位的人平均多赚几十万美元，甚至上百万美元。偶尔将这个观点抛出来是个不错的主意。

"贿赂"买不到好成绩

我的朋友阿尼和卡洛琳询问儿子卡姆的 8 年级班主任，怎样才能让他们这个聪明却不好学的孩子好好学数学，老师的建议令他们感到震惊：许诺卡姆如果考试得 A 就给他买台游戏机。尽管老师自己也承认这个建议从道义上讲有些令人怀疑，但是他亲眼见过它真的起作用，尤其是对初学生十分管用。

有接近一半的美国家长都"贿赂"自己的孩子，希望他们能够在学校表现更加优秀。撇开道德问题不谈，"贿赂"孩子考高分还存在一个严重的问题：研究发现，它根本不管用。哈佛大学的经济学家罗兰·弗赖尔（Roland Fryer）曾针对在不同城市的公立中学就读的 4 万名学生做了一项研究，研究发现，现金奖励并不会帮助孩子提高数学和英语分数。尽管他发现学生的总平均成绩略有提高，大约提高了 0.1%，但是成绩并没有发生实质性改变。我敢说这种做法产生的道德问题远比这一点分数的提高对孩子未来产生的影响更大。

而且我们还没有衡量"贿赂"对孩子的整个自我价值体系以及以后的表现造成的影响。别忘了，"贿赂"会给你的孩子传达这样一个错误的信号：你认为他不知道怎样自我激励。

不要用现金奖励孩子拿高分的另一个原因是，它会贬低孩子学习功课的价值。几十年前，里昂·费斯汀格（Leon Festinger）和詹姆斯·卡尔史密斯（James Carlsmith）曾做过一个非常著名的心理实验，实验就说明了这一违反常理的发现，即人们干平凡单调的工作拿的钱越多，他们觉得工作本身越没有价值。心理学家总结说，因为低收入的工作者已经说服自己工作本身更有价值，其依据是："如果工作没有价值我干吗还要做呢？"而那些高收入的工作者则认为他们拿高报酬的原因是，工作本身很无趣也不重要。最低底线是：支付大笔钱或者奖励大笔奖金来让人完成工作，通常会适得其反。

当然，有时候奖励刺激也能发挥作用。弗赖尔教授发现，奖励孩子让他投入精力而不是取得好成绩通常会更有效。例如，把

最新的劲爆美式足球电子游戏拿给你孩子看，激励他下个月认真
完成数学家庭作业，要比激励他下次代数考试拿 A 更有效。你这
样想就会明白其中的道理了，奖励付出努力去做某件事情能让孩
子更加努力，因为孩子要取得成绩必须得努力。

高中时期：熟悉大学招生流程，研究大学学费、奖助学金

你和你的孩子可能都会被高校的招生流程吓住，但是记住要
慢慢来，而且要保持冷静，才能让你们顺利度过。

孩子上九年级时可以跟他谈谈大学费用。你可能觉得似乎有
些早，但是早点跟孩子谈这个话题能够给你的孩子敲响警钟。离
上大学以及解决怎样支付大学费用还有不到四年的时间，现在就
开始这个话题能够让你有机会提前做规划。这解释了你家大约需
要负担多少的大学费用。请注意，这可不同于简单看看学校的定
价单。如今大约 4/5 的家庭都有助学金资助（包括低成本的联邦贷
款）。即使你的孩子刚上高中，但这个费用很可能会变化。大概
了解下费用情况，就可以开始这个对话。

现在开始跟你的孩子进行大学费用的谈话，还能促使你去考
虑你愿意负担以及能够负担多少大学费用，你是否愿意借款以及
你的孩子是否必须贷款。（告诉他大多数人至少都需要贷一点儿款，
让他了解并不只是他一个人这样。）谈论大学费用会带来一些重

要的问题，比如，你的家人是否需要削减开支？是否有办法让你和孩子节省更多的钱，是否有办法提高你的收入？这些问题都没有标准答案。有些家长认为，如果他们的孩子被常春藤大学录取，即使意味着偿付多年贷款，他们也会尽一切可能把孩子送去读书。还有一些家长会尽力让自己和孩子不欠债。即使你绞尽脑汁考虑到所有这些问题，在进行对话的时候实事求是仍然比空想更重要。我再告诉你一点：这个对话还能够提醒你的孩子，大学录取也要看高中第一年的成绩，因此在高中努力学习，才是好的开始。

常春藤大学的毕业生也不一定都能挣大钱。随着这些精英大学的招生竞争越来越激烈，你可能会猜想，如果你的孩子没有上这类超一流的大学，他的人生会处于劣势。经济学家阿兰·克鲁格（Alan Krueger）和斯特西·戴尔（Stacy Dale）两人卓越的研究发现，一般来说，那些被常春藤大学或其他名校录取，但最终进入知名度较低的大学的孩子，其毕业后的薪资水平与那些进入名牌大学的孩子相仿，而那些大学入学分数相差无几，但却被名校拒之门外的孩子，毕业后的薪酬也并不比名校生差。当然也有例外。经济学家发现，对于来自拉丁美洲家庭、黑人家庭和低收入家庭的孩子，以及父母没有上过大学的孩子来说，他们从常春藤大学毕业后的收入会比不上名校要多很多。经济学家推测这其中的原因可能是，这些顶尖一流大学能够为这些孩子提供其他地方不能提供的社交机会。

申请助学金的分步指南

有关助学金的方方面面可以写一整本书。实际上，有许多人真的写了。你可以查看这两本指南，一本是《供子女上大学而不破产》（*Paying for College Without Going Broke*），作者是卡尔曼·钱尼（Kalman Chany），在《普林斯顿评论》出版；另一本是《填写联邦政府助学金申请表：免费申请联邦学生贷款的顾问指南》（*Filing the FAFSA: The Advisors Guide to Completing the Free Application for Federal Student Aid*），作者是马克·坎特罗威茨（Mark Kantrowitz）和大卫·利维（David Levy）。除了阅读这两本书，我总结了接下来几年你最好的做法。

九年级：想想上大学可能包括哪些开销。这时候孩子离上大学还有四年的时间，你不可能知道未来上大学需要花费哪些钱，但是你可以先有个大概的了解，比如上大学成本网站，用孩子心仪大学的净价计算器算算。这些计算器会根据你的家庭收入、家里正在上大学的孩子人数以及家庭存款和资产，得出一个大概数字，即为你在孩子入学时预计需要支付的费用。尽管这个数字和实际情况可能会有很大的出入，而且等到你的孩子申请大学的时候，其他因素也很可能变，但你仍然能够知道孩子上某所大学的大概成本。

十年级：训练你的助学金申请策略。是时候卷起袖子，好好算算家里需要拿出多少钱来供孩子上大学了。当你的孩子上大四时，在助学金的申请表中，你需要填写你从孩子大二学年开始（1月1日）到大三学年结束（12月31日）的收入及资产信息。许多大学使用的是联邦政府规定的公式，将你的收入、存款、家里的孩子人数和家里上大学的孩子人数等因素考虑在内，来计算出这个所谓的家庭预计支付费用。你可以上FAFSA.gov网站，选择FAFSA4caster工具，然后回答问题，并得出你的家庭预计支付费用，以及你可能得到的联邦助学金资助额度。

你可能对计算得出的结果感到震惊，因为它可能远超家庭所能承担的限度。一般来说，一个家庭得拿出几千美元甚至更多。理论上说，用你孩子的大学学习总费用减去家庭预计支付费用，得出的结果就是你孩子需要借的贷款。有些富裕的学校能为学生提供充足的补助金而且不需要学生偿还，有些学校为学生提供助学贷款，还有一些学校只是说他们无法为学生提供资助。更有甚者，有些大学使用他们自制的公式来计算你需要支付的费用。

这时候你应该看看读不同大学的潜在成本，并权衡下各自的好处。想要知道那些为学生提供充足的助学金的大学名单，请查看 bestcolleges.com/features/best-financial-aid 网站以及《美国新闻与世界报道》杂志的教育资源。

十一年级：好好研究下奖学金。许多家长都偷偷幻想，有一个完美的奖学金等着自己的孩子，他们只需要找到这个奖学金就行。令人遗憾的是，事实很少如此。学校大多数的资金都是联邦和州政府以及大学提供的，只有当你在孩子上十二年级的时候以及大学的每一年填写助学金申请表后，他才能拿到这笔资助。许多家长发现自己的孩子擅长抛掷东西、击中东西或者跑得比别人家孩子快，就寄希望于申请体育奖学金，实际上体育奖学金很少，只有不到 2% 的大学本科生能够获得体育奖学金。

即便如此，孩子上大三时，你仍然要趁机看看是否有任何奖助计划能跟你孩子的天赋或者特长相结合，来增加他得到的奖学金的额度。大学以及一些州政府会利用这个机会来考查学生的学习能力、创造力以及体育技能。孩子的成绩高于感兴趣的学校的平均水平，肯定会有所帮助。钱尼指出，学生高中平均学分绩点每增加 0.1 分，在上大学时得到的助学金资助就会多几千。

请注意：如果你的孩子从俱乐部、社区组织或者竞赛中赢得了奖学金，通常他不能将这部分钱简单加到他能从学校得到的财政资助额度上。相反，学校会重新给你的孩子提供一笔新的资助。即便如此，许多大学允许你的孩子去拿其他奖学金，来减少他需要支付的一部分贷款，这当然是件好事。

十二年级：填写助学金申请表并对比大学的资助方案。说实话，填写助学金申请表的确是件无聊的苦差事，但是对于大多数家庭来说，这是非常值得的。联邦学生援助能为你的孩子开启一系列可能申请到的助学金资助计划，包括联邦政府、州政府和孩子申请的大学提供的奖学金以及许多私人奖学金。而且联邦学生援助还能让你的孩子有机会享受低息联邦学生贷款。表格会在你孩子上十二年级的 10 月 1 日那天发布，你要尽快填写完。

有些学校还要求填写其他助学金表格。最常见的表格叫作大学奖学金申请表，表格中包含更多的财务资讯，主要使用对象为国内筛选最严格的几百所大学。你要尽快填写完这些表格，因为有些学校以及州政府会根据"先到先得"的原则来分配助学金。

一旦你的孩子被大学录取，并收到学校寄来的奖学金资助信件，这时候你真的需要着手做工作了。（我知道这有些令人疯狂，但是你必须做。）助学金没有统一的标准，但是成千上万所大学都在使用教育部的助学金信息表，这种表用统一格式制作奖学金通知书，便于学生比较。如果你的孩子感兴趣的大学没有使用这种信息表，可以使用联邦政府消费者金融保护局提供的助学金对比工具。

针对每所大学的助学金通知书，计算它的净价。（请参见上面九年级的内容。）净价指的是学习总费用（包括学费、食宿费、书本费、生活用品、交通费以及杂项费用）减去孩子得到的奖助学金（包括助学金、奖学金以及其他非打工赚来或者不需要偿还的钱）的差额。这才是大学的真实成本——你必须用存款、收入及贷款支付的费用。

如果你对孩子最想去的大学提供的资助计划不够满意，你可以试着跟学校的助学金办公室进行沟通。

要提防营利性大学。 大多数大学都是非营利性大学，也有部分大学是营利性的。你可能已经见过一些大型的营利性大学的宣传广告，这类营利性大学不仅收取高昂的学费，而且学生毕业率也很低。据政府的一项研究发现，在营利性大学拿到副学士学位要比在公立大学贵 6~13 倍。营利性大学的学生毕业的可能性更小，或者毕业后找到好工作的可能性更小，所以拖欠学生贷款的可能性更大。

如果你不知道你的孩子想上的大学是不是营利性大学，可以查看大学理事会的 BigFuture.org 或者是联邦政府的 CollegeNavigator. gov。如果查出来是营利性大学，告诉孩子最好不要上这类大学。

如果你的孩子先申请学费低廉的大学，并计划之后转学，要确保他的计划可靠。为了负担大学费用，许多学生考虑这种策略，即先在学费便宜的大学上一两年，比如，本地的社区大学，然后再转学到更有名的一流公立大学或者私立大学。这个办法很省钱，但是你的孩子必须具有超强的进取心，而且专心学习争取达到转学的目标。确保至少有几所他感兴趣的四年制大学会认可他在这两年修的学分。（一项研究发现，14% 的学生在社区大学修的学分只有少部分可以转换或者全部不能转换。）而且，他还需要了解到有些大学对转学生的录取率比新生要低。许多大学的网站都可以看到要在一年或者两年内转学需要拿到的平均学分绩点。例如，布朗大学转学成功的申请者的平均学分绩点为 3.8，加州大学圣迭戈分校为 3.5，俄亥俄州立大学则至少为 3.2。所以告诉你的孩子要保持好的平均学分绩点。

赚钱上大学的友情贴士

考虑到各种复杂的规则以及棘手的策略，很多家长都惧怕助学金的申请流程。而且很少有人会来帮助你填写助学金系统的申请。

不要以孩子的名义存钱。如果你的孩子有机会获得助学金资助，不要把大学存款存到你孩子的名下。联邦政府的方案是要求你将大约 6% 的资产和 47% 的收入（但通常要少得多）用于支付孩子的大学费用。这些数字对于学生来说更为沉重：方案要求以孩子名义存的资产的 20% 和孩子收入的 50% 支付大学费用。所以如果你以孩子的名义存了 1 000 美元，大学费用就是 200 美元，但是如果是以你的名义存的 1 000 美元，大学费用则只是约 60 美元。

如果孩子的祖父母也想要帮忙支付孩子的大学费用，最好让他们把钱放到以你自己名义开通的 529 账户里（更确切地说，如果你的计划接受"三方"捐赠，事实上大多数计划都接受"三方"捐赠）。如果孩子的祖父母以他们的名义开通了 529 账户，计划把那笔钱在你孩子上大学时拿给他，那么学校会将这笔钱当作你孩子的收入，也就意味着你孩子能够得到的助学金更少。

即使你觉得你不够资格接受资助，也要填写助学金申请表。据助学金专家卡尔曼·钱尼所说，即使你年收入超过 12.5 万美元，有一个富足的 401K 计划而且还有房产，你仍然可能有资格申请助学金资助。大学成本、家里上大学的孩子人数以及钱是不是以孩子的名义存的等，这些因素都对你申请资助有很大的影响。

大学的收费标准并没有你想象的那么重要。真正重要的是，大学在综合考虑助学金资助后，期望你拿出的那部分钱。2/3 的学生会得到助学金或奖学金等资助，所以单看大学的收费标准并不能真的帮你弄明白上大学需要花多少钱。例如，州外公立大学，如密歇根大学或者加州大学伯克利分校，最终可能比提供许多助学金资助的私立大学要贵。

挑选几所财务安全的大学。一所真正的财务安全大学指的是，即使没有任何助学金资助的家庭仍然可以负担得起的大学。离家较近的公立大学可能是你省钱最好的选择。但是除此之外，你的孩子也可以申请几所他有机会拿到资助的学校。你可以问大学奖助学金办公室一个问题：大学的资助体系中，奖学金资助占多大比例，是完全按学生的能力进行分配，比如某项体育运动或者某件乐器，还是根据其他的一些专长进行分配？

认真阅读奖学金资助信件的细则内容。不要一打开奖学金资助信件看到上面写着"祝贺你！"几个字，就以为你会收到一大笔的资助。我有个朋友的儿子收到一封信件，信上说他得到一所小型文理学院的助学金资助，他感到十分兴奋，可是等他认真看完这封信时，他才发现这个所谓的 5 500 美元的"助学金"只是联邦学生贷款，最后他的家庭还得偿还贷款。

提前考虑如何将资助最大化。你的孩子能够得到的联邦补助的额度取决于你在所谓的基准年，即孩子大二那年的 1 月份到 12 月份提供的家庭财务状况。所以你要想办法在该年 1 月 1 日前将你的资本净值和收入降低。有没有什么好办法呢？可以用存款去还债。假如你可能得到一笔数额不小的钱，比如奖金，想办法在基准年开始前拿到这笔钱。还有一件事情需要考虑：如果你以孩子的名义存了一些资产，要记住这笔钱的 20% 将会被当作家庭预计支付费用。你需要将这笔钱转到你的名义下，因为在你的名义下这笔钱的税率更低，也就意味着有更多的钱用于孩子上大学。当然，每年你申请资助时都会重新评估你的家庭财务状况，但是入学的第一年是关键。你没有第二次机会让学校改变对你的第一印象。

不要用你 401K 账户或者罗斯个人退休金账户的钱支付孩子的大学费用。这样做不仅会影响你自己退休，还是一个很愚蠢的经济援助做法。假如你有一个罗斯个人退休金账户，比如，你可以从账户里取钱用于支付教育开支，而且也不需要支付 10% 的提前取款罚金。但是等到第二年，学校会将你从你的个人退休账户里取出的钱当作你的新收入，从而减少对你家孩子的资助。好消息是，联邦学生援助不会问你个人退休账户里有多少钱。尽管有个别学校会询问个人退休账户信息，但是只要钱不取出来，就不会影响你的资助计划。

经济资助是可以协商的。如果孩子感兴趣的学校提供的资助计划没达到你的预期或者你家无法负担，至少你应该去看看是否有可能得到更多的财务资助。如果你的财务状况有所变动——比如失业、生病、父母离异，或者家里有需要特别照顾的小孩或者老人，要确保奖助学金办公室了解这些情况，这样你可以重新调整助学金资助计划。要始终保持诚实并且有礼貌。钱尼指出，通常奖助学金办公室工作人员的工资也不高——平均年薪约为 4 万美元——所以如果你的年薪在 8 万美元左右，就不要跟他哭穷了。

大学时期：确保能够负担孩子毕业前的大学费用

如果你的孩子在上大学，那么恭喜你！深呼吸几次，给自己击掌，然后坐下来休息。但是只能休息一会儿。现在你的任务就是确保你和你的孩子能够负担得起孩子在拿到学位之前的大学费用。

告诉你的孩子要在四年内完成大学本科教育。只有不到一半的学生能够在四年内拿到大学学位。多学一年就意味着要多付一年的学费，更别提这一年时间你的孩子没有拿全职工资。最近研究发现，多上一年大学的平均成本为 6.8 万～8.5 万美元！所以除非你的孩子有真正合理的理由，不然他必须按时毕业。他按时毕业可能会面对下面的挑战：必修课程人数已满选不上（尤其是在大规模的公立大学），转专业后部分学分作废（还需要修额外的学分），转学后学分作废，兼职占用太多的时间，或者每学期修的学分太少。坚持让你的孩子与好的学业顾问讨论他的课程选择，让他清楚自己所学专业的毕业要求。

制定大学预算。作为一个家庭，你需要决定你和你的孩子需要负担的费用——不管是用存款，还是用暑假打工赚的钱。（想要了解更多有关大学打工的内容，请参考第三章。）我听说许多父母给孩子提供 100 美元到 1 000 美元不等的月度津贴，用来支付购买钢笔、电影票及理发费等各种费用。（当然，还有许多家庭会让孩子自行负担这些费用。）

如果你打算给孩子一些津贴的话，我强烈建议你制定月度的汇款计划，并提前告诉孩子，这就是他每月得到的所有费用。如果他出去跟朋友一晚上就将钱挥霍一空，那么等到学校电影之夜时，他必须自己想办法筹钱。这种一次性汇款的方法能够培养孩子的责任感，让他学会如何自己提前做好预算。这里不仅要考虑你的财务状况，还要考虑孩子的开支状况。即使你有足够的钱轻松应付孩子所有的开支，也要设定你赞助的限额，让你孩子有预算地生活，这能够给你的孩子上宝贵的一课。

大学贷款的 6 条规则

第一，你要接受你的孩子可能需要贷款的事实。 超过 2/3 的学生从大学毕业时就会有负债，平均来说债务大约为 3.7 万美元。这只是平均水平，还有很小一部分学生毕业时会欠下一大笔债务。而平均债务还不到小部分学生所欠的大笔债务的一半。不管怎样，现实摆在面前：你的孩子可能必须贷款，不管是从联邦政府还是从私人贷款人处贷款。关键是要正确地贷款。

第二，当决定你的孩子需要贷多少款时，跟他一起好好算算。 我听过不同的经验法则讲大学生需要贷多少款。例如，金融借贷专家马克·坎特罗威茨就建议，学生的贷款应该不超过他毕业第一年可能赚的钱。当然，你不可能准确知道孩子毕业后能赚多少钱，但是如果你的孩子念的是文科或者工程类专业，你可以在一些网上找到这些工作的平均起薪，比如薪酬范围网（PayScale.com），劳工统计局网站（BLS.gov），工资网站（Salary.com），玻璃门网（Glassdoor.com）以及现实网（Indeed.com）的工资搜索功能（indeed.com/salary）。另一个不错的资源是美国教育部大学计分卡（College Scorecard，网站是 collegescorecard.ed.gov），提供了大学毕业生赚钱的一些信息。（就全国范围来说，大学毕业生在毕业第一年平均收入在 5 万美元左右。）不管你和你的孩子如何决定，关键是要考虑自己的实际情况。最后，如果你和你的孩子认为值得借更多的钱来上某所大学，你需要跟他讲他要如何偿还债务，以及偿还债务意味着什么——例如，为了省钱可能需要在家住一年。

第三，告诉你的孩子如果可以，尽量还是借联邦贷款。如果你家符合助学金资助条件，孩子上的大学有可能希望他能够借联邦直接贷款。还可能建议斯坦福贷款，这是一个不错的贷款选择，利率通常很低（最近约为 4%）。而且，在上学期间孩子不需要马上偿还这笔贷款，等到他还款的时候，有一系列还款方式可供选择。

第四，让你的孩子知道尽量避免私人贷款。由于联邦贷款有贷款额度的限制，你的孩子可能想去借银行或其他贷款机构提供的私人贷款。通常来说，私人贷款的利率更高，有些高于 18%，除非借款人的信用评级很高，而且私人贷款的偿还规定更加严格。此外，私人贷款的利率还会变动，意味着未来有可能利率还会更高。作为父母，你可能还需要跟你的孩子共同签署私人贷款协议，实在很不理想。如果他不能偿还这笔钱，你们两人的信用评分都会受影响。还有一些私人贷款甚至要求借款人在上学的时候就开始偿还贷款，所以弄明白这些概念以及相应的费用很重要。

第五，总体来说，你自己要坚持联邦贷款。为了负担大学成本，许多家长会去借款。联邦家长额外贷款有一个稳定且相对较低的利率，往往是最好的选择。近来，其利率为 7%。但是家长额外贷款有些说明需要注意：你过去不良的信用记录可能会导致你的贷款资格被取消。而且，由于家长额外贷款项目允许你借足够多的钱，来填补孩子获得的资助及学习总费用的空缺，所以你要注意不要过分借贷，以至于影响到你自己的财务状况。要记住：你的孩子还可以选择一所相对便宜的大学。

例外：如果你的信用评级特别高，你可能有资格申请比家长额外贷款还要好的私人贷款。你要检查一下贷款利率是否固定，而且要记住，如果利率不固定，未来利率可能会更高。除了要查看贷款发放收取的手续费，你还要查看贷款偿还期限。

第六，跟你的孩子讲为何他需要完成大学学习。最糟糕的学生贷款借款人就是那些辍学的学生。他们拖欠贷款的概率为正常毕业学生拖欠贷款概率的4倍以上——这很明显会严重影响他们的信用。你的孩子需要知道，贷款意味着承诺要完成学业，因为如果没有完成学业拿到学位，他可能就没有办法赚足够的钱来偿还贷款。

买书时要学会货比三家。学生每年大约需要花费 1 200 美元用于购买书籍及其他学习用品，一项调查发现，有 65% 的学生因为觉得费用太高会少买一两本教材。就算你能负担所有的费用，为什么非要花 400 美元买本新书，而不是花 200 美元租一本旧书呢？（是的，家长们，一本教科书的确能花这么多钱。）带着你的孩子去逛逛书店找他想买的书，你能让他养成货比三家的习惯。许多大学书店租赁旧书或者新书都采用先到先得的原则。你还可以在亚马逊网站、博尔斯诺博网站（Barnesandnoble.com）、哈弗网（Half.com）等网站租旧书或者买旧书。还有一些大学的教材提供电子版，成本也要低很多。如果你的孩子当真决定要买新书，并且他可以将用过的教材卖给书店，虽然卖给书店的价格要低于卖到网上，但他仍不会因为买新书产生太多的花费。

父母：要利用与大学相关的减税优惠。当你报税时不要错过给你孩子上大学存钱的机会。如果你是已婚家庭且年收入少于 16 万美元，或者如果你未婚且年收入少于 8 万美元，家里有个孩子在上大学的话，美国机会税收抵免（American Opportunity Tax Credit）允许你最多减免 2 500 美元的税。这个优惠尤其具有吸引力，因为税收抵免是一对一实打实的抵免，这比单独减少你的应纳税所得收入的税收减免要好得多。在孩子上大学的第一年，每个学生都享有 2 500 美元的税收抵免优惠。可抵免的开支包括学费、杂费、书本费以及设备费。而且，作为家长，每年在以你的名义为支付孩子上大学借的联邦和私人贷款中，还能最多抵免 2 500 美元的税。

成年初期：选择就业或去读研

　　你的孩子大学毕业后，可以选择就业，也可以选择改变生活轨迹，或许他会选择去读研究生。这时候他很可能需要想办法节约每一分钱来偿还学生贷款。

　　他需要制订一个可靠的还款计划。不要觉得你需要来偿还孩子的学生贷款。相反，你要帮助他评估他的还款方式。简单来说，最常见的联邦直接贷款要求学生毕业半年后开始偿还，这也是他需要在一毕业就要搞清楚还款方式的原因。幸运的是，网上有些工具能够帮你制定更加可行的联邦贷款偿还方式。你可以把我在第 117 页上列出的还款四步骤抄下来，然后发给你的孩子看。

　　如果你的孩子是借民间贷款的那 30% 的本科学生之一，他还需要了解这类贷款的还款义务的附加步骤。他需要跟他的贷款机构联系，弄明白：（1）是否有还款宽限期；（2）首款何时到期；

（3）他要采用哪种付款方式；（4）有哪几种付款方式可供选择。不管你的孩子的经济状况如何，确保他知道，他绝不能延迟还款，否则他将面临巨额手续费，同时也会影响自己的信用评级。后果真的会很严重，如果你的孩子有一份社会服务或教师等公共服务类的工作，他可以查看一下公共服务债务豁免信息。

算算读研的成本。如果你的孩子想要读研究生，这是个不错的选择，硕士毕业生比本科毕业生更容易找工作，而且一般来说，他们要比本科毕业生平均一年多赚 1.17 万美元。但是许多研究生都会面临巨大的债务压力：一般债务为 6 万美元左右，包括本科时期和读研期间的贷款。值得注意的是，10% 的借款人得负担超过 15 万美元的债务。这是多么沉重的债务负担，你不需要读研就能计算出来。

当然，你还要将你孩子获得的研究生学位考虑在内。一般来说，持有计算机科学博士学位的人比同专业的本科生要多赚很多钱。尽管在某些行业，即使获得研究生学位也不能保证你能找到一份心仪的工作。一项研究发现，全美前六所研究生院毕业的英语专业博士生中，只有大约一半的人能够找到一份终身教职的教授工作。即使是法律这个曾经意味着工作稳定的职业，近年来也变得不那么稳定，一些知名的律所也开始大规模裁员。

我的建议是：如果供孩子读研究生会危害你自己的财务安全，那么不要供孩子去读研究生。如果你不能供孩子读研究生，你要告诉他，并让他去思考，为读研贷款而负担更多的债务到底值不

值得。研究生借联邦直接贷款和研究生额外贷款的利率并不如本
科生那样低。

告诉你的孩子可以赚钱去上学。如果你的孩子决定在工作期
间拿另一个学位或者修一些课程，可以让你的孩子采取以下的办
法获得一些财务帮助。

——询问公司老板。许多公司为希望继续深造的员工提供资
金帮助。雇主可能可以帮你负担不超过 5 250 美元的费用，用于
支付学费、杂费、书本费、学习用品及设备费，这部分钱还不需
要你交所得税。（需要说明美国国税局的一项规定，这笔钱的使
用有限制，例如，不能用于支付餐费、交通费、工具费以及教材
之外的其他你可以在课后使用的学习用品，或者在大多数情况下，
不能用于负担以体育、游戏或者兴趣相关的课程费用。）如果
公司负担了超过 5 250 美元的费用，超出部分的钱很可能需要缴
税。不过也有例外，可以去国内税务局网站（IRS.gov 网站）查
看 970 出版物《高等教育税收优惠》的具体内容。

——用所得税抵免费用。如果你孩子的公司不能帮他负担一
部分费用，他可以用所得税来抵免一部分的上课费用，虽然节省
不了几千块钱，倒也能省几百块钱，但是规则比较复杂。比如，
如果是他目前的工作要求他上的课程，而不是为了找到新工作而
学的课程，或者是能够提升他的能力的课程，那么他就满足申请
抵免的资格。举个例子，如果学校要求数学老师每年要修一门课
程，而且学校不负担课程费用，那么他的这部分费用可以获得抵

免，即使学完所有的课程后他会拿到硕士学位。如果这个数学老师学的是狮子训练课程，最后要离开学术圈加入马戏团，那么他就不能享受减税优惠。

当你的孩子上大学时，你和孩子各自需要负担哪些开销？

　　一旦你的孩子选定好大学，相应的助学金资助也就确定了，你需要做好规划，你和孩子都必须明白你需要制定合理的预算。这个事情可能会比较棘手。可以用以下这个工作表来记录下你希望支付的各项费用以及你希望孩子负担的部分。完全有理由让你的孩子支付大部分（如果不是全部的话）的个人开支，例如零食和娱乐的开销。

表 9-1　大学各项开支清单

开支项	每年的预计成本	父母负担部分	孩子负担部分
学费、杂费及食宿费	家庭支付孩子每年上大学的钱（根据孩子的助学金资助计划不同而有所不同）		
教材及其他学习用品	1 200~1 600 美元		
笔记本及打印机（可能是一次性成本）	1 000~2 000 美元		
节假日期间往返学校的旅途费（共 3 次往返旅途费）	汽车: 300 美元; 火车: 450 美元; 飞机: 1 200 美元		
食物与零食（正常餐饮之外的开销）	每周 50 美元，或者一年 1 800 美元		
洗漱用品	250~350 美元		
娱乐	800~1 250 美元		
基本服装	500~750 美元		
床上用品、毛巾、衣架等（一次性成本）	200 美元		
健身	最多 350 美元		

（续表）

开支项	每年的预计成本	父母负担部分	孩子负担部分
女生或男生联谊会会费	女生联谊会为 1 100~5 500 美元；男生联谊会为 1 500~4 500 美元		
俱乐部或活动费	最多 700 美元		
生日礼或者聚餐费	350~600 美元		
理发	男生为 125~325 美元；女生为 200~350 美元		
洗衣	125~200 美元		
总计			

——申报税收抵免。终身学习抵免（Lifetime Learning Credit）每年最多能帮你抵扣 2 000 美元的税。2017 年，年收入低于 5.6 万美元的未婚纳税人或者是年收入低于 11.2 万美元的已婚纳税人，可以申报全额抵税。即使你的学习项目不是学位项目，你仍然可以申报税收抵免，而且没有抵免年限，这也是毕业生通常喜欢申报优惠税收抵免的原因。很遗憾，这是你在学校期间无法学到的课程。

确保你的孩子享受学生贷款税收减免优惠。只要你的孩子毕业后的年收入少于 8 万美元，他应该能够从应税收入中扣除向联邦和私人学生贷款支付的 2 500 美元利息（是利息而不是本金）。即使你本人选择这类支付方式也一样。不要让你的孩子错过这个机会。税收减免很重要的一个原因是，你的孩子不需要逐条列项计税。让他去查看下贷款服务机构会提供的 1098-E 表格。如果你的孩子享受的是 25% 的税率，有 2 500 美元的应纳税收入可以不用交税，那么他可以少付 625 美元的税。

第 十 章

给父母的理财建议

Make
Your Kid A Money
Genius

我的理财理念用一句话总结就是：你不需要是个理财天才，就能培养出一个高财商的孩子。

　　但是，如果你要跟孩子进行理财的对话，你自己最好能够全力以赴，言行一致。同样的，有了孩子以后你需要检点自己的行为——不管是少吃点垃圾食品，在合理的时间睡觉，把烟戒掉，还是关掉地下室的"娱乐室"——考虑改变你乱花钱的一些坏习惯也很有意义。这不仅会让你自己的生活更规律，同时能给你的孩子树立一个好榜样。把这个当作是理财生活的一个循环。（呜啦啦，是不是很棒啊？）

当然，如果你跟大多数人一样，认为妥善管理资金简直跟清洗堆了一年的脏盘子一样麻烦，这的确是件不好应付又令人讨厌的工作，而且你也不确定自己会遇到多么不忍直视的事实。本章让你了解，掌握理财的窍门并没有你想象的那般麻烦。即使你只理解了其中一两点，你也能够改变自己资金混乱的现状，让自己从一开始的从不理财到试着去理财。而且随着时间的推移，这些小小的变化真的能够给你带来巨大的改变。

为了让这个对话更加轻松，假设只有你我两个人正在边喝咖啡边聊天，这是两个家长之间的对话。如果你已经有了一定的理财知识，我们可以先快速浏览一下我的建议。不论哪种方式，我知道你肯定没有一整天的时间，所以我会让我们的对话尽量简短而亲切。现在开始吧。

保护好你自己、家人：购买医疗、人寿以及伤残保险

如果你是一位父亲或母亲，你的部分工作就是要为可能发生的坏事情做准备——具体来说，比如你或者你的家人生病、受伤，甚至过世。这不是一件有趣的事情，而且有时候光是想想就会给人很大的压力，但是你必须要去做。所以你要做好准备把这些事情安排好。

医疗保险。这件事情不需要你动脑筋：你只需要确保你和你

的孩子们都享有医疗保险。但就实际而言，即使你的孩子成年独立后，你还是需要确保他有医保，不仅是为了他自己的健康着想（很明显这是最重要的问题），而且是为了保护你自己的财务健康状况。如果你的孩子发生重大意外或者身患重病，而他却没有医疗保险，你难道不会想尽办法给孩子治疗吗？庆幸的是，在写本文的时候，联邦政府规定，子女可享用父母的医保服务到 26 岁。（还有一些州政府允许子女享有的时间更长。）

　　如果你的工作单位给你买了医疗保险，你需要重新查看公司的医保方案，确保你在几年前选的医保方案现在仍然适合你和你的家人，因为你现在的需求可能有变化。如果你的工作单位或者你配偶的工作单位没有给你购买医疗保险，你需要弄清楚如何参保。

　　人寿保险。如果我们一致同意重新给它命名叫"收入保障保险"，事情会容易很多，因为事实上它就是收入的保障。如果家里的经济支柱不幸去世了，失去经济依靠的家人就能得到一大笔钱，这笔钱原则上应该可以维持到家人能自力更生为止。如果你的孩子已经长大成人有能力照顾自己，而且你的配偶也有稳定的收入，那么你可以跳过这部分内容。尽管深夜播放的一些电视广告很打动你，你也不需要给你的孩子购买人寿保险（除非他所在的男孩乐队赚了大钱，现在是他供给你的生活）。

　　如果你真的需要人寿保险，你需要弄清楚如果你不幸过世，你的配偶和孩子大概需要多少钱来维持生计。很不幸的是，没有一个简单的公式可以算出来。例如，如果你家只有一个经济来源，另一个人待在家里没有工作，你要请人做饭、洗衣服以及照顾孩子直到他们上大学，你应该把这部分开销也考虑进去。

最好的办法就是选择定期人寿保险（term life insurance）。你可以在寿险网站（LifeInsure.com），选择寿险网（SelectQuote.com）以及定期保险网（Term4Sale.com）对比下价钱。退伍军人可以在美国退伍军人事务部（U.S. Department of Veterans Affairs，网站是 benefits.va.gov/insurance）以相对低的成本购买到寿险。此外，如果你家有人在部队，你需要在 USAA（USAA.com）查看一下保险费率。如今，人们习惯于在网上完成所有的工作，但是如果你有任何关于政策的问题，请直接给保险代理人或者保险公司打电话咨询。

我要事先说明：还有保险公司尤其热衷推荐许多不同种类的寿险产品，原因是这些产品的利润更大。你会听到那些所谓的专家高谈阔论这些产品多么好，通过这些终身寿险、万能寿险和变额寿险，你可以获得"延后扣税"的投资回报和收入。请直接忽略他们。

伤残保险。很少有人关注这类保险，但是相比你生病或者意外受重伤后好几个月不能上班的概率，发生意外死亡的概率要低很多。（我知道现在肯定很多人都在嘲笑我。）只有当你因工受伤时才能到拿到工伤保险补偿金，与前者不同，伤残保险是当你无法继续工作时（不管出于何种原因）给你的补偿。搜寻一个伤残补助金是工资的 60%~70% 的伤残政策。看看你的工作单位是否提供一些伤残保险（通常大公司都有），或者允许员工通过公司购买这种保险（比自己购买要便宜）。如果你实在需要通过自己去购买保险，请对比专业保险公司的条款（条款没有那么多），如美国西北共同人寿保险公司（Northwestern Mutual Life Insurance，网站是 NorthwesternMutual.com）和大都会人寿保险公司（MetLife，网站是 MetLife.com）。将这些保险公司的条款与你拿到的条款相对比。

你需要考虑的遗产

提起这个话题有些沉重。但是，你需要做好文书工作，以防哪天难以想象的事情真的发生了。现在你要处理下这件事情，然后每年除了抽出 10 分钟看看，你都无须再多想。以下是你需要的文件的大致介绍。

遗嘱。遗嘱是你必须要准备好的文件，但是许多有子女的人竟然没有立遗嘱。遗嘱规定了你的财产继承人、遗嘱执行人（指确保你的遗嘱按照你的意志执行的人），以及孩子的监护人。如果你没有立遗嘱，夫妻两人都去世的话，那么法院会为你的未成年孩子指定监护人，只有在法院同意的前提下你的孩子才能拿到遗产。（请注意有些资产不能写进遗嘱里，如退休账户里的钱，你必须单独指定受益人。）如果你打算把联合银行存款账户里面的钱留给你的孩子，还要注意这类账户的账户名，因为其他的账户持有人可能会乘虚而入，等你去世的时候把钱全部取走。

永久财产委托权。如果你丧失了工作能力，你可以指定一个可以合法支配你资产的人，帮你支付家庭的开支、报税以及管理你的资产。指定某人——如你的配偶——帮你做这些事情十分重要，否则你必须要走一个复杂而且费钱的法律程序，才能够正常进行基本的财务交易。请注意：这个委托人不同于你在遗嘱里指定的遗嘱执行人（虽然你可以指定同一个人）。

生前遗嘱和医疗保健永久代理权。生前遗嘱阐明了你对自己是否需要临终关怀的意愿，并且避免让你的家人来做一些重要的决定，比如不需要维持生命的情形下采取的措施。医疗保健永久代理权授权某人——通常是配偶、亲戚或者朋友，不需要非得是律师——在你自己无法做决定的前提下，确保你的遗嘱按照你的意愿执行。

可撤销生前信托。这份文件没有前几种文件那么重要，但是也可以考虑。它可以让你的继承人避免遗嘱公证手续（宣布你的遗嘱是合法有效的法律程序），公证手续既花时间又费钱，所以可撤销生前信托可以作为你把遗产留给孩子的好选择。可以找个律师咨询一下你是否适合，因为可撤销生前信托需要考虑债权人和税务状况。

我建议你找专业人士帮你准备以上这些材料。简单的遗嘱一般花费不到 1 000 美元，永久代理权可能花费几百美元，而信托起价就是 2 000 美元左右。（如果你选择的是专门从事不动产规划的律师，费用会更高，但是我认为钱花得值得。）

你也可以使用软件，如快速订立遗嘱软件（Quicken WillMaker Plus），或者是登录网站，例如火速律师（RocketLawyer.com），自行准备以上的大部分材料，而且花费也更低。但是缺点是，如果你下载的文件模板有错，或者软件、网站出错，那么你需要自行收拾残局。如果你选择自己动手的话，至少也找个律师帮你看看这些材料。

有税收优惠的退休金账户是最佳选择

尽管个人理财书籍会给你提供各种理财建议，最重要的一点还是尽可能多存些钱在退休账户里。如果你还没有开始存钱，那么你需要马上开始，并将其最大化或者尽可能存更多的钱。下面有一些存钱账户可供你选择。

401K 退休账户。大公司通常会提供这类账户，这类账户里的钱可以不缴税或者延迟缴税（根据你们公司提供的选择）。401K 账户通常提供匹配交易。例如，你每存入 1 美元，你的工作单位也会为你存入 1 美元，只要最高不超过规定的工资比例即可（通常为工资的 2%~6%）。也就相当于你的钱能够有 100% 的收益，你绝不能错过这个好交易。在我写这本书的时候，你可以每年存入 1.8 万美元，如果你年满 50 岁或以上，美国国税局的补偿条款（catch-up provision）允许你额外再存入 6 000 美元。如果你觉得目前没那么多钱可存，至少要存入公司匹配交易的额度。

在第七章我们讲述了 401K 账户，现在我们再简单回顾一下。有两种类型的 401K 账户。最常见的是传统 401K 账户，延迟缴纳你存入的钱的所得税。之外，传统 401K 账户里的收益只有当你退休开始取钱的时候才能增长（你不需要缴纳收益税）。如果你即将到达或者正处于事业高峰期，这将是你的最佳选择，因为你现在的减税优惠可能比你退休开始取钱时更珍贵。等到你退休开始取钱的时候，你的收入有可能已经降了很多，那时候你的纳税等级就降低了。但是如果你是新手父母，希望未来几十年赚的钱比现在多很多，你可以考虑很多雇主提供的 401K 账户：罗斯 401K 账户。你在存钱时必须缴税，但是因为你现在的税级可能比以后的税级要低，所以总的来说还是一笔不错的交易。当然，你不可能知道未来你的收入是增是减，所以不要过于担心。选择其中一种 401K 账户，然后尽可能存入更多的钱。

个人退休账户。同样的，我们再快速回顾下：如果你无法开通 401K 账户，你需要开通一个个人退休金账户。与 401K 账户一样，个人退休金账户也有两种账户：罗斯个人退休金账户和传统个人退休账户。选择哪种同样取决于你目前的收入以及你退休后的预期收入情况。罗斯个人退休金账户在存钱时需要缴税，但是里面的收益永远不需要缴税。而传统个人退休账户，存款时推迟征收个人所得税，但是等到你退休取钱时需要补缴税。不管选择哪种个人退休账户，从 2017 年起，每年你可以存入 5 500 美元。（如果你超过 50 岁，每年的限额为 6 500 美元。）要弄明白哪种个人退休账户更适合你，可以使用银行利率网站上的罗斯个人退休金账户与传统个人退休账户计算器工具。

个人退休账户有收入限制以及其他限制，你可以在国内税务局网站上查看这些限制内容。如果你收入过高，不满足传统个人退休账户或罗斯个人退休金账户的条件，你可以选择非抵税式个人退休账户。虽然没有预付减税优惠，但是里面的收益仍然可以享受延税的好处。如果你已经有 401K 账户，你最好还是投些钱到个人退休账户里。

雇员储蓄激励对等缴费退休计划（SIMPLEs）、简易式雇员退休计划（SEPs）以及个人退休计划（Solos）。如果你是个人经营者，你还可以使用雇员储蓄激励对等缴费退休计划的个人退休账户、简易式雇员退休计划的个人退休账户或者个人退休计划 401K 存入更多的钱。从 2017 年起，雇员储蓄激励对等缴费退休计划的个人退休账户限额为 1.25 万美元，简易式雇员退休计划个人退休账户或者个人退休计划 401K 为 5.4 万美元。

还清信用卡的债务

美国中等家庭的信用卡债务约为 2 300 美元，平均利率为 15%。你的目标是还清所有债务，还清所有债务就相当于拥有税后 15% 的收益。除了有匹配交易的 401K 计划，没有其他投资方式能保证这么高的收益率。换句话说，如果你不及时还清高利率的债务，你就是在浪费钱。所以你必须马上用你手头的现金处理掉所有债务。（唯一一个例外是：家长需要牢牢记住必需的应急储蓄准备金。）

用现金去还清高息信用卡债务可能让你觉得有些不情愿。等你把债务还清后，你可能就没几个钱了。但是事实上，如果你负有信用卡债务的话，你存入储蓄账户上的每一美元赚的钱还没有信用卡债务损失的钱多，因为信用卡透支的利率比你存款赚钱的利率要高。

比方说，你信用卡欠 1 万美元的债务，透支利率为 15%。同时你在储蓄账户里存了 1 万美元，存款利率为 1%。一年时间内，你从银行可以赚 100 美元的利息。在同样的时间内，你需要支付

1 500 美元透支的利息给信用卡公司。所以，你会发现自己损失了 1 400 美元。如果你用额外的存款来支付信用卡债务，你会没有存款收益，但是你也无须支付透支利息。也就是说，破产也比亏钱好。这也是存钱之前要把所有高利率债务还清的原因。否则，你也许是在存钱，但是你还需要花更多的钱来填补债务空缺，所以总体来说你还是在亏钱。

为了减轻这一痛苦，你要尽量降低你需要支付的透支利率。首先，给你的信用卡公司打个电话，问他们能否降低你的利率。（说话时你要客气一点，确保你在表达想要办理其他更低利率的信用卡的需求。）如果这个方法不奏效，你还可以把你的信用卡余额结转到另一张约定利率更低、透支期限为半年甚至一年半的信用卡（到那时候即使你还没能付清所有还款，你也应该还得差不多了）。在转卡之前，先检查下结转手续费（一般为 3% 或 4%），确保你能提前还清债务。可以上信用卡网站和信用卡中心网站查看低利率的信用卡，利用银行利率网的信用卡余额结转计算器，计算结转是否有意义。但是你需要时刻注意约定利率是否有变动，如果你在利率上涨后还未还清债务，考虑把余额结转到另一张卡上。

把应急用的钱存到便于存取的账户里

一些不可预见的突发事件能把当父母的魂儿给吓出来，如孩子胳膊折了、工作丢了或者地下室发水灾了。在你没有小孩之前，你可能还能用信用卡或者借你好朋友的钱勉强维持生计。但是现在你已经为人父母了，你身上承担的义务就更多了，你可不能再像之前那样子过日子了。

前不久的一项调查表明，近一半的美国人都为应对突发事件筹集 2 000 美元而犯愁。更重要的是，受访人并不是简单地说，他们没有 2 000 美元的存款。许多受访者承认，他们无法申请信用卡、没有其他信用额度，甚至没有手头宽裕的朋友或家人能借给他们钱。竟然有这么多人不能借到钱来应付突发的金钱需求，这着实令人震惊，尤其是这些人还有孩子。如果你是一位家长，这种财务的脆弱性真是很难应对。

要为突发事件做好准备，理想的情况是你能存够至少 3 个月的生活费。当然 6 个月更好，9 个月也不错。要想备好不时之需的储蓄最简单的办法是，花点时间弄明白你的生活费用，包括房产按揭或房租、生活用品、话费和网费、天然气费和电费、保险费以及你每月需要负担的其他重要开销。一旦你了解自己一个月的支出状况，你可以用这个数字乘以你希望准备的月数即可。

如果你算出的这个数字很大，不要灰心。你可能需要一段时间才能攒够这些钱，但是你仍然要坚持不懈地定期拿出一些钱存到超级安全的地方，如网上账户或者货币基金，即使这些地方的收益不高。你的目的不是让这些钱的收益猛涨，而是保护好这些钱，让它们能够在你面临真正的紧急状况时为你保驾护航。

投资指数基金

生活已经够复杂了，所以当谈到投资的时候，尽量选择简单点的策略。令人欣慰的是，最简单的往往也是最明智的。不管你开通的是 401K 计划、个人退休账户还是两者均有，最好的投资选择都一样，即低成本指数基金。除了你的个人退休账户，其他的理财最好的选择也是低成本指数基金。低成本指数基金永远是你的朋友。

我的看法是：没有哪种股票投资能稳赚不输，但是总体来说，投资组合中考虑加入股票投资是很重要的，因为历史证明，随着时间的推移，股票可能跑赢通货膨胀，是投资者不错的选择。当然，股票有涨有跌，但是平均来说，营利的概率要大很多。投资股票最好的方法就是分散风险，购买不同的股票。

最简单的方法是，投资股票指数共同基金，该基金通过把众多投资者的钱筹集到一起，然后投到股票市场上，组成一个综合的指数。指数是一组股票，它们能够代表一部分股市行情。比如，标普 500 指数就是由美国大公司的 500 只股票组成。指数基金的收费往往比其他种类的共同基金要低很多，而手续费越低，意味着你口袋里的钱越多。另一种投资股票的方法是投资指数交易所交易基金，手续费比指数基金还低。

想要了解更多有关指数基金、交易所交易基金以及如何投资的内容，请重新阅读第七章的内容，可以找来我最喜爱的一本书看看，即伯顿·麦基尔（Burton Malkiel）的《华尔街漫步——股市历久弥新的成功投资策略》（*A Random Walk Down Wall Street: The Time-Tested Strategy for Successful Investing*），该书深入研究了你需要了解的有关投资的方方面面。

知晓你的个人信用评分，尽量让信用评分达到 700 分甚至更高

当你还是个孩子的时候，你需要知道的最重要的数字就是你的手机号、家庭住址，以及根据你的优先性，你还要知道你的高考分数和你最喜欢的棒球手的击球率。作为父母，你最需要关注的一个数字就是你的信用评分。大多数贷款机构使用的信用卡评分采用美国信用评分系统，即费埃哲评分，分数范围在 300~850 分之间，主要决定因素有信用卡偿还记录、信用账户数、使用信用卡的年限以及其他因素。一般的分数为 700 分，你需要确保你至少得分为 700 分。（想要了解更多有关信用评分的决定因素，请参考第四章。）只要发生了一笔逾期还款，你的信用评分就会下降 100 多分。一般来说，分数越低，贷款利率越高。如果你信用评分很低，你需要额外支付数万美元的抵押贷款，更别提租到房子了。

想要了解你的信用评分，你需要首先拿到一份反映你信用情况的信用报告。美国主要有三大征信局，分别是爱克非（Equifax）、

亿百利（Experian）和全联（TransUnion），它们各具特色，各自帮你记录你的信用还款情况。你可以在年度信用报告网站（AnnualCreditReport.com）上，每年从这三个征信局免费获取一份你的信用报告。如果你发现报告有误（这种情况比你想象的更常见），比如某个信用卡账户误记录你有逾期还款，这时候你需要通知相应的征信局。

　　如果你在好信用（CreditKarma.com）上注册过，你可以免费得到你的信用评分。这个分数不是你的费埃哲评分，但是通过这个分数你可以大致了解自己的信用情况。而且这个网站还能让你经常可以免费获取你的爱克非和全联信用报告。但是，如果你计划在不久的将来要贷款，你可以花 60 美元在我的评分网站（myFICO.com）获取你的官方费埃哲评分（每个征信局收费为 20 美元）。

　　确保按时付清所有贷款，这是提高信用评分最重要的因素，能够提高你的信用评分。而且，你还可以通过每月在信用卡和其他贷款账户里多存点钱来增加你的还款额。（即使每个月多还 20 美元也能帮你提高信用评分。）还有一个建议是：即使你已经还清之前的信用卡的所有贷款，仍然要保留好旧的信用卡账户。这个听起来似乎有些违背常理，但是征信局希望看到你有很多可用的信用卡而且有很长的信用使用年限。所以，如果你有 10 000 美元透支额度的信用卡，尽量只消费不到 2 000 美元。

　　最后，不要为你的孩子做信用卡担保，也不要授权他使用你的信用卡账户，因为那样你可能得为他的疯狂消费买单。（当然，你的孩子不会这么做，因为你的孩子很完美。但是，我觉得我还是需要强调一下。）

为孩子上大学攒钱，但是记住要聪明点

很少有话题能够像为孩子上大学攒钱那样令家长焦虑不安。我在第九章跟你讲了所有你需要知道的东西。简单一句话就是：一旦你在个人退休计划里放了一大笔钱，你需要开始投资 529 计划。这些计划让你给孩子准备的大学储备金能够享受减税优惠。告诉你的孩子，你在帮他攒上大学的钱，因为研究表明，如果孩子知道家里在给他存上大学的钱，会更加有上大学的意愿。等到孩子申请大学的时候，确保他要申请奖助学金资助，即使你觉得拿到那笔资助的希望很渺茫。也许你会有意外的惊喜。

正如我之前所述，给孩子提供好的教育也许是你最好的投资，确保孩子在未来不会为钱犯愁。

特
别
感
谢

　　首先我要感谢我的父母，作为教育工作者，他们教会了我认识 1 美元的价值，同时也让我知道金钱不代表一切。那才是真的金玉良言。没有他们，就不会有现在的我，我也不会是现在这样的一位母亲。我爱他们。我还要感谢我的哥哥佩里（Perry）和肯尼斯（Kenneth），很多年前是他们陪着我在纽约市皇后区学会了克布莱恩家的处事方式。

　　我还要感谢我的天才代理人威廉莫里斯公司的苏珊娜·格鲁克（Suzanne Gluck），她聪明风趣而且性格坚韧。我还要感谢我亲爱的朋友，西蒙舒斯特公司无所畏惧的总裁乔恩·卡普（Jon Karp），他仍然是我们班上最聪明的孩子。我还要感谢我的编辑普瑞西拉·佩因顿（Priscilla Painton），他是一个很棒的人，是许多作者梦想的合伙人，也是这本书的坚定支持者。我还要感谢米莉森特·本内特（Millicent Bennett）从头至尾对我的鼓励。我还要特别感谢莱斯利·施努尔（Leslie Schnur）、弗朗辛·阿尔玛西（Francine Almash）、查尔斯·奥尔道伊（Charles Ardai）、杰西卡·阿什布鲁克（Jessica Ashbrook）、玛丽莎·巴达克（Marisa Bardach）、凯伦·切尼（Karen Cheney）、阿里安娜（Ariana）、丹妮尔·克拉罗（Danielle Claro）、马克斯·迪克斯坦（Max Dickstein）、林恩·戈德纳（Lynn Goldner）、玛乔丽·英格尔（Marjorie Ingall）、珍妮弗·杰克（Jennifer Jaeck）、迈克尔·坎特（Michael Kantor）、米里亚姆·克布莱恩（Miriam Kobliner）、凯西·兰多（Kathy Landau）、凯尔·梅林（Kyle Mehling）、亚历克斯·奥尼尔（Alex O'Neill）、瓦莱丽·波普（Valerie Popp）、扎卡里·波特（Zachary Port）、埃里克·普莱茨菲尔德（Eric Pretsfelder）、凯特琳·普奇奥（Kaitlin Puccio）、杰弗里·罗特（Jeffrey Rotter）、挪亚·索尔尼克（Noah Scholnick）、克里·肖（Kerry Shaw）、迈克尔·斯伯特（Michael Spalter），以及茱莉娅·韦瑟雷尔（Julia Wetherell）。我还要感谢萨拉·考特尔（Sarah Courteau），她是一名优秀的编辑，因为她的出色工作才让这本书顺利完成。我还要额外感谢斯科特·德西蒙（Scott DeSimon），他能够协调处理好所有事情，让所有事情变得简单。

很多年前，我问我的表妹莎娜·帕斯曼（Shana Passman），她和她的丈夫唐把四个儿子培养成责任心极强的好男人的窍门是什么。她的答案是：当孩子小的时候遇到困难时，她都会看着孩子的眼睛说："我知道你能做出正确的选择。"我也尽量用这个方法来处理我自己孩子的问题，因为我相信那是个好办法。

我要感谢丽贝卡，她写得一手漂亮的文字，而且她还是一个十分有趣的人。我要感谢亚当，他在只有 3 岁的时候，就经常询问一些关于复利（以及其他几乎所有关于理财的问题）的问题，如今他几乎能够回答我们抛给他的所有问题。我要感谢雅各布，他有着强烈的求知欲，而且工作很努力，所有见过他的人都深受鼓舞。

最后，我要感谢我最好的朋友和人生伴侣大卫。你真的是个天才，你是这个世界上最好的人，我爱你。蓝鸟队加油！

致谢

你们可以想象得到，许多家长和孩子给我讲述的理财故事占据了这本书的大部分篇幅（尽管他们的名字以及部分故事细节略有改变）。我要感谢这些人，感谢他们的坦诚与信任。此外，我在书中借鉴了几百个学者、研究人员及理财专家的成果。我要感谢他们所有人带给我灵感与智慧。如果我在致谢中漏掉了谁的名字，我在此衷心致歉。

很多人为这本书贡献出了宝贵的时间、建议和专业知识，没有他们就不可能有这本书。我尤其要感谢以下这些人：纽约联邦储备银行区域经济分析研究员、主任亚森·亚伯（Jaison Abel），国防信用联盟理事会主席兼首席执行官罗兰·阿特亚加（Rolan Arteaga），密歇根大学社会研究所高级研究员杰拉尔德·巴克曼（Jerald G. Bachman），Lift 基金创始人兼首席执行官贾妮·巴雷拉（Janie Barrera），城市研究所收入和福利政策研究中心高级研究员桑迪·鲍姆（Sandy Baum），美国国家金融教育基金会主席兼首席执行官特德·贝克（Ted Beck），我在《财经》（*Money*）杂志工作时的同事、财经作家加里·贝尔斯基（Gary Belsky），芝麻街工作室负责教育研究与推广的前执行副总裁刘易斯·伯恩斯坦（Lewis Bernstein），芝麻街工作室负责融入社区与家庭的高级副总裁珍妮特·贝坦康特（Jeanette Betancourt），美国印第安人国会部落统行政关系处（Partnership for Tribal Governance）主任谢里·萨尔韦·布莱克（Sherry Salway Black），耶鲁大学布鲁克斯和苏珊娜·瑞根[①]的心理学教授、作家保罗·布卢姆（Paul Bloom），谢菲尔德大学经济学教授莎拉·布朗（Sarah Brown），希望组织创始人、董事长兼首席执行官约翰·霍普·布赖恩特（John Hope Bryant），施派尔传统学校的共同创办人康妮·伯顿（Connie Burton），明尼苏达大学儿童发展研究所研究主任斯蒂芬妮·卡尔森（Stephanie Carlson），学生贷款顾问、校园顾问协会主席卡尔曼·查尼（Kalman Chany），《儿童身份盗用：每个家长都应该知道》（*Child Identity Theft: What Every Parent Needs*

---

① 布鲁克斯和苏珊娜·瑞根（Brooks and suzanne ragen）是一个医学基金捐赠奖学金，目的是向来自 WWAWI 地区（华盛顿、怀俄明、阿拉斯加、蒙大拿和爱达荷）的合格医科学生提供财政援助。——编者注

to Know）的作者小罗伯特·P·查普尔（Robert P. Chappell, Jr.），美国女童子军前首席执行长安娜·玛利亚·查韦斯（Anna Maria Chavez），旧金山城市财政主管约瑟·西斯内罗斯（Jose Cisneros），凯来投资企划公司董事长安妮特·克利尔沃特（Annette Clearwaters），威斯康星大学麦迪逊分校金融安全中心主任J·迈克尔·柯林斯（J. Michael Collins），花旗集团首席执行官迈克尔·科巴特（Michael L. Corbat），Nav市场教育负责人、作家格里·德推勒（Gerri Detweiler）；光源资本合伙公司首席顾问安·戴蒙德（Ann Diamond），亚太裔雇主联盟（Pacific Asian Consortium in Employment）主席兼首席执行长凯里·多伊（Kerry N. Doi），宾夕法尼亚大学心理学教授安吉拉·达克沃思（Angela Duckworth），堪萨斯大学资本教育和融入中心创始主任威廉·艾略特（William Elliott III），哈佛大学经济学讲座教授罗兰·弗赖尔（Roland G. Fryer, Jr.），《哈佛商业评论》特约编辑艾米·盖洛（Amy Gallo），Colony集团副主席兼首席顾问罗伯特·格洛沃斯基（Robert J. Glovsky），国际教育金融联盟共同创始人兼首席执行官特德·贡德尔（Ted Gonder）；加州大学研究生凯瑟琳·格里芬（Katherine Griffin）；HSH.com副总裁凯斯·冈宾格（Keith Gumbinger），辛辛那提大学经济学中心（Economics Center）主任朱莉·希思（Julie Heath），美国国家金融教育基金会教育主管比利·亨斯利（Billy Hensley），爱荷华州立大学校长高级政策顾问及个人金融学和消费者经济学教授塔西拉·希拉

（Tahira K. Hira），金融服务创新中心副主席及美国联邦储蓄委员会前经济学家珍妮·霍加斯（Jeanne Hogarth），威斯康辛大学麦迪逊分校罗伯特·M·拉福莱特公共事务学院公共事务与消费者科学荣誉教授凯伦·霍尔顿（Karen Holden），女性退休保障协会主席辛迪·亨塞尔（Cindy Hounsell），美国消费者联盟保险理事罗伯特·亨特（J. Robert Hunter），经济许可倡议创始人、主席兼首席执行官塞缪尔·杰克逊（Samuel T. Jackson），康奈尔大学查理斯·戴森应用经济与管理学院教授大卫·贾斯特（David Just），金融借贷专家马克·坎特罗威茨；美国金融业监管局前主席兼首席执行官理查德·凯彻姆（Richard Ketchum），ShambergMarwell Hollis Andreycak& Laidlaw, P.C.律师莫伊拉·莱德劳（Moira S. Laidlaw），美国房地产规划委员会主席劳伦斯·莱曼（Lawrence M. Lehmann），亚利桑那州立大学文理学院学生与学术项目副院长保罗·莱波雷（Paul LePore），理财入门知识联盟主席兼首席执行官劳拉·莱文（Laura Levine），品牌营销专家、作家马丁·林斯特龙（Martin Lindstrom），FutureReady Columbus主席兼首席执行官莉莲·洛维利（Lillian M. Lowery），乔治华盛顿大学商学院经济与会计学教授安娜玛丽亚·卢莎迪（Annamaria Lusardi），BET Networks执行副总裁兼首席数字官凯伊·马达提（Kay M. Madati），纽约州立大学布法罗分校管理学院金融学院荣誉教授刘易斯·曼德尔（Lewis Mandell），银行利率网高级副总裁兼首席金融分析师格雷格·麦克布莱德（Greg McBride），哥伦比亚大学心理学教授沃尔特·米舍尔（Walter Mischel），加州大学洛杉矶分校教育学副教授拉希米塔·米斯特里（Rashmita S. Mistry），全国城市联盟主席兼首席执行官马克·莫瑞尔（Marc Morial），经济教育委员会主席兼首席执行官南·莫里森（Nan J. Morrison），美国监护人人寿保险公司董事长兼首席执行官狄安娜·穆里根（Deanna M. Mulligan），罗格斯大学财务资源管理教授与专家芭芭拉·奥涅尔（Barbara O'Neill），不经意投资者博主麦克·派普（Mike Piper），戴维森学院校长卡罗尔·奎伦（Carol E. Quillen），美国退休人员协会前首席执行官艾迪森·巴里·兰德（Addison Barry Rand），阿里尔投资公司主席、首席执行官兼首席投资官约翰·罗杰斯（John W. Rogers, Jr.），公私战略集团合伙人艾米·罗斯（Amy Rosen），宾夕法尼亚金融教育办公室前主任玛丽·罗森格兰斯（Mary Rosenkrans），宾夕法尼亚大学高影响力慈善中心创始执行董事凯瑟琳娜·罗斯基塔（Katherina Rosqueta），维萨公司前首席执行官查尔斯·萨夫（Charles Scharf），普林斯顿大学行为与公共政策学教授、1987 级校友埃尔德·莎菲尔（EldarShafir），玛丽华盛顿大学心理学副教授霍利·仕夫利（Holly Schiffrin），嘉信理财基金会董事长兼主席卡丽·嘉信·波梅兰茨（Carrie Schwab-Pomerantz），财捷集团董事长兼首席执行官布拉德史密斯（Brad D. Smith），国家经济委员会前主任吉恩·斯珀林（Gene Sperling），亚利桑那大学家庭与消费科学诺顿学院美国消费者金融教育和研究协会主任迈克尔·斯塔恩（Michael E. Staten），坦普尔大学心理学杰出教授劳伦斯·斯坦伯格（Laurence Steinberg）；地平线学院校长罗荠娜·斯坦拜克·斯特劳德（Regina Stanback Stroud），美国银行家协会公共关系主任迈克尔·汤森（Michael Townsend），芝麻街工作室负责课程和内容方向的高级副总裁罗斯玛丽·特鲁格里奥（Rosemarie Truglio），信贷专家约翰·乌泽梅尔（John Ulzheimer），无意识品牌机构创始人道格拉斯·范·普雷特（Douglas Van Praet），美国银行高级社区关系主管肯尼斯·韦德（Kenneth Wade），马萨诸塞州参议员伊丽莎白·沃伦（Elizabeth Warren），建造师董事会主席及作家卡罗尔·维斯曼（Carol Weisman），《石板杂志》（*Slate*）资深商务经济记者乔丹·韦斯曼（Jordan Weissmann），哥伦比亚大学教育学院霍林沃斯中心主任丽萨·赖特（Lisa Wright），以及思想膨胀实验室联合创始人兼首席执行官詹森·W·扬（Jason W. Young）。

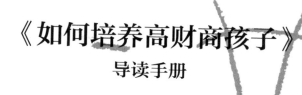

《如何培养高财商孩子》
导读手册

未来，谁将站在财富的巅峰幸福守望？

每位家长都希望自己的孩子一生衣食无忧，财富充足。可是，如何才能守护孩子的一生幸福？授之以鱼不如授之以渔，孩子拥有了利用财富、创造财富的能力，才能真正地富足一生。

中国的家长始终是焦虑的，社会对成功的定义多以财富的多少来界定。在孩子成长中，家长看重的似乎只有一个：学习好。但是，成绩好和成功之间，似乎缺了一个桥梁。在经济高速发展的当下，这个转化的桥梁就是财商教育。

在人工智能时代，可以通过记忆获得的知识会越来越不重要。十几年寒窗苦读，千军万马过独木桥的残酷高考已经无法确保孩子一生的幸福。在现代中国，能够善用金钱，创造财富，实现自己人生目标的人才能脱颖而出。

在美国，财商教育为什么受到重视？对于美国的普通民众而言，财商教育是生存的保证，是摆脱债务、免于破产的保证。对于中产阶级而言，财商教育是阶层上升的加速器，是平衡生活、免于困境的保证。对于看不见的顶层而言，那些掩藏在家族信托背后的家族财富管理者更是将继承人的财商教育作为对家族资产的保全计划来完成。继承人的财商培养关乎一个家族的兴衰。虽然各个阶层财商教育的方法不尽相同，但是，我们可以从这本《如何培养高财商孩子》中，看到财商教育对于家庭、对于孩子的重要意义。

中国改革开放之初，原来的邻居、同学，本在同一个社会阶层，40年后，这些人的境遇却大相径庭。财商隐藏在每一次决策中，决定了我们今天在社会中的位置。同时，中国仍处在高速发展时期，为那些有远见、有能力调用资源、创造财富的人提供了广阔的空间。这种机遇在世界经济发展过程中并不多见了。

让我们一起跟随作者开启我们与孩子的金钱对话吧。

第一章　与孩子谈钱的 14 条建议

什么时候开始跟孩子谈钱？

第一次跟孩子谈钱，越早越好。钱是物质世界价值衡量与交换的工具，只要以正确的方式谈论，金钱可以成为家庭成员的经常性话题。

女儿 8 个月时，我为她制作了适合她的绘本，让她了解为什么妈妈要去上班。

我在给女儿讲绘本里的内容时，试图用简单的语言向女儿阐述金钱、工作、个人价值的关系。女儿 8 岁时，她主动提出组织慈善义卖，为自闭症儿童、养老院老人筹款。她还可以自己进行股票交易，她甚至完成了人生第一个创业小项目。

　　不过，在中国家庭中，这并不是一个常见的现象。在加入亲子财商®工作坊的家庭中，我碰到过许多不知道如何跟孩子开口谈钱的爸爸妈妈。孩子越大，家长越不知道该怎么跟他们谈钱，往往家长好不容易找个机会开口，孩子却完全不予理睬。还有一种情况，当家长开始与孩子谈论与金钱有关的事情时，发现孩子早已对金钱形成了不正确的认知。这种价值观的冲突大多源于在孩子成长过程中（0~7 岁），家长没有在家庭中建立起统一的价值观。

　　对此，我深表理解。所以，我建议家长，

跟孩子越早开始系统地讨论金钱，对孩子越有利。家长可以与孩子一起阅读关于钱的书籍，也可以跟孩子一起讨论该不该买一个玩具、该不该吃一次外卖，这些都是跟孩子开口谈钱的好时机。

家长有可能的担心：

问：跟孩子过多地谈钱，会不会让孩子变得很贪婪？

答：只有匮乏感才会让人变得贪婪，财商越高的孩子越能够自信地驾驭金钱，而不是成为金钱的奴隶。

问：孩子的主要任务是学习，跟孩子谈钱会不会影响他的学习？

答：对于金钱概念的学习，也是一种学习。对于终将走入成人世界的孩子，这是一门必修课。很多能力需要从孩子小时候就开始培养。

跟孩子谈什么?

首先，家长要理清自己的财富观念是如何形成的。

我们这一代家长大都从计划经济中成长起来，在工作之后，才真正接触到金钱，对金钱的重要性才有了认识。

可现在，我们的孩子面对着越来越激烈的市场竞争，在未来的社会中，他们面对的"金钱"的概念完全不同。现在，家长更需要重新梳理自己对经济、市场、金融的认识，才能让我们的孩子从容面对未来的变化。这对家长的要求似乎有些高，但是这也是历史赋予我们的职责。财商教育是真正百年不遇的让孩子赢在起跑线的机遇。

在美国200多年的发展历史过程中形成的经济格局和金融体制，创造了一个基本稳定的财商认知环境。而中美两国的国情存在一些差异。因此，美国人习以为常的财富管理方法，对于中国人而言是无法实践或者完成不了的。这并不是方法错了，而是水土不服。

用什么方式谈？

与孩子一起学习如何看待和使用金钱，共同成长，是亲子沟通的好机会。这个过程应该是健康、快乐、循序渐进的，并且充满尊重、接纳和理解。

当孩子有花钱的愿望时，是家长与孩子开始谈钱的好时机。家长可以和孩子聊聊为什么他需要花钱、花钱后能够得到什么回报。当然，这种沟通一定是正向的，即使要拒绝孩子花钱的要求，也需要家长与孩子讨论后共同决定。帮助孩子建立与金钱的正向关系，是孩子财商教育的关键。

可以从孩子感兴趣的话题开始，比如他喜欢的玩具，喜欢吃的食物，听听孩子对钱的看法。若是由爷爷奶奶、外公外婆帮助抚育孩子的家庭，需要父母与长辈沟通，共同营造有利于孩子成长的财商培养环境。

第二章　学会攒钱

在这一章中，作者向我们介绍了一些帮助孩子培养攒钱习惯的方法。对于很多中国家庭来说，攒钱这个概念并不陌生。

在美国，大部分居民习惯通过贷款或者刷信用卡维持日常生活，少有存款。所以美国社会鼓励居民存款，降低过多债务给社会带来的压力。

在中国，情况恰恰相反，中国人均储蓄率居世界第一。勤俭持家几乎贯穿了父辈们的一生。大部分家庭在连续的高经济增长中，很少通过合理的金融工具实现财富增值，而是延续着固有的对金钱的认知习惯，认为钱就是财富，把钱储蓄起来才是自己的财富，却不知道钱会贬值。

因此，我们应该关注的是财富（价值）的积累，而不是简单的攒钱。值得提醒大家的是，财富和价值的积累，在孩子不同的年龄段对应的重点也不同：

1. 孩子在童年时期，需要建立对金钱的正确认知。

2. 青年时期，孩子没有家庭负担，个人承受风险能力大。所以青年人不适合积攒现金，而是应该把大部分钱投入到学习上，提升自己的价值。

3. 人到了中年，个人价值达到峰值，

家庭负担也相应加重，应该拿出一部分钱作为维持家庭稳定和养老的资金，比如孩子的教育储蓄和养老计划。这个时候积累的更多是行业资源、人脉，还要为孩子的成长和发展打好基础。这样到了老年才有可能拥有从容自由的生活。

4. 老年才是最不需要攒钱的时候。如果之前已经拥有了足够的产生现金流的资产（企业、股权、房产等等），这时已经可以完全自由地享受生活了。

在我们中国家庭的财商教育中，学习面对风险，善用金融工具提升资金的利用率，是我们要面对的新课题。

财商培养孩子互动练习示范：

与孩子一起制订压岁钱增值计划。

帮助孩子设定一个比手中的压岁钱数

目更大的目标。以 1 年为时限，通过攒钱的方式，帮助孩子实现目标。

对于 7 岁以上的孩子，父母可以通过与孩子一起选择金融产品（保本、与计划时间同步的投资期限的理财产品，比如货币市场基金、定期理财产品、每月定投的理财产品等，详情可以参考各银行提供的即时产品）实现攒钱的目标，并让孩子享受在理财过程中获得的乐趣。

值得注意的是：

1. 孩子应该有固定的零花钱来源，这样才能循序渐进地培养孩子为了更大的目标而攒钱的习惯。

2. 计划的时间不宜过长，1 年为限，甚至可以更短一些。越小的孩子，计划的时间要越短。让孩子体会延迟满足的乐趣。

3. 设定的目标一定是孩子希望的，而

不是家长要求的。

4. 如果跟长辈一起生活，提前与长辈沟通，取得长辈的支持和配合（比如不要因为心疼孩子，就中途帮助他们实现目标）。

第三章　幸福生活的秘方是努力工作

把自己的劳动转化为社会需要的价值，是一个人生存的基本能力。可是在中国，很多孩子在大学毕业前都没有认真考虑过如何把自己的劳动价值转化为财富。

在女儿 8 个月的时候，我需要重新开始全职工作。我听到过很多关于母婴分离焦虑症的故事，于是我找到在漫画界小有名气的朋友为孩子创作了绘本《妈妈去班班》。在绘本中，我告诉女儿妈妈要去工作的原因：创造自我价值——获得收入——给宝宝买爱吃的果果——妈妈爱宝宝。这个逻辑的建立，就是对女儿财商教育的起点。

在绘本的帮助下，女儿的分离焦虑表现得并不明显，小小的她理解了妈妈去上班是爱她的表现。同时宝宝也自然地学习了财商教育中的基础知识：钱从哪里来，工作的意义是获取报酬，实现自我价值。

现在的孩子学习任务繁重，几乎没有机会参与劳动，甚至家里一般都要牺牲一位家长的事业来陪伴孩子的学习和成长。这样长大的孩子实际上被剥夺了通过劳动创造价值的机会。除了学习，孩子不知道自己还能做些什么，也很少有机会学习如何创造价值，如何服务他人。在传统教育中埋头苦学了16年，他们当中的大部分人进入社会以后，需要更长的适应期。在日益激烈的人才竞争中，他们感受到的挫折感远远大于有过社会实践的孩子。

学会工作，学会服务他人，这是孩子拥有高财商的基础。比尔·盖茨说："不是让孩子仅仅具有独立的意识和态度就够了，必须让孩子自己去经历，让他自己扫除障碍，只有这样，孩子才能学到相应的知识和技能，才能用各种有效的方式去自行解决问题。"那些从小在父母的引导下一直分担家务，进而逐步找到自己的工作价值的孩子，更有能力和信心通过自己的劳动创造财富，因而能更快地适应这个社会。

劳动是通过服务他人来实现价值转化的。以什么样的心态，什么样的语言，什么样的方式服务他人，是每个劳动者都应思考的问题。从目前的教育状况来讲，需要家长来帮助孩子培养财商，学会劳动，创造价值。

亲子财商互动练习示范：

与孩子一起讨论他可以通过付出哪些
体力劳动、智力劳动为家庭创造价值。比
如，我能扫地；可以给低年级的孩子补课；
可以清理自己的旧书，然后卖出去。

第四章　不要借债

在这一章中，作者提出了不要借债的建
议，但在我看来，债务本身没有问题，出问
题的通常是人们对自己欲望的控制能力。

近几年，大学生被非法贷款公司欺骗，
贸然借贷，导致债务缠身，甚至人身安全
问题的新闻变得多了起来。这些新闻让人
惊讶，但也让我意识到，财商教育在经济
高速发展的社会中是何等重要。

在孩子成长的过程中，我们应该帮助
他们学会控制自己的欲望，帮助孩子了解

债务带来的危害，告诉他们什么是适度的债务，如何贷款，如何判断是否可以借款给他人，如何保护自己的信用。初入社会的年轻人应该具有区分简单金融服务优势与风险的能力，避免让自己陷入困境。遗憾的是，这种教育和训练在学校是缺失的，在家庭中也常常被忽略。

随着中国金融业向全世界逐步开放，在未来的十年中，会有更多形态的新型金融产品出现。这对我们来说是机遇也是挑战。如何应对金融发展带来的红利呢？选择逃避一定不是解决之道。通过开放学习，提升认知，提高自己决策的能力，我们才能在新一轮的发展中乘风远航。

亲子财商互动练习示范：

与孩子一起讨论，他会借钱吗？他怎样看待借钱这种行为？如果其他人向他借钱，他该怎么应对呢？

第五章　好好花钱

花钱不仅是一种消费能力，更是一种投资能力

孩子能花钱，会花钱，是财商的一种体现。但很少有家长会关注孩子是不是会花钱。在《女人就要会花钱》一书中我提到，我们要通过花钱来实现对价值的判断，什么是该买的，什么是不该买的，每一次花钱是一次纯粹的消费还是一次投资。这和我们在做投资决策时的逻辑思考是一样的。

所有的投资都是从花钱开始的，如何发现价值？买什么会增值？我们每天都在花钱，却很少思考如何更好地花钱。殊不知在我们花钱的习惯中隐藏着我们与金钱的关系。我们总是喜欢在促销活动时买很多东西，这些东西堆满冰箱、橱柜，又因为吃不掉过期被丢进垃圾桶。电子产品换

了一个又一个，想时刻紧跟潮流，然而潮流永远追不完。廉价的衣服买一堆，到穿的时候，总是发现没有一件能上台面。即使收入很高，我们在买高品质的东西的时候还是很难抉择，这是我们内心的匮乏感在作祟。最后，我们因为匮乏感花了许多不该花的钱，也丧失了投资增值的机会。

一些孩子由于过度物质满足，需要的都很容易得到，最后对什么都提不起兴趣。他们从本能上对赚钱不感兴趣，也不知道对什么感兴趣。孩子在成长中出现的这些状况大多源于财商教育的缺失，希望家长能够重视。

花钱是一种能力，需要大脑反复地练习，直到形成投资思维。随着孩子年龄的增长，我们可以将对孩子花钱能力的训练融入生活中，让孩子逐步提升自己的能力。

值得注意的是：

1. 家长的花钱习惯会潜移默化地影响孩子，可以说，家长是孩子的第一位财商老师。家长需要重新审视自己的价值判断力，真正地会花钱是越花越有钱，孩子会从家长的花钱行为中逐渐建立自己的金钱观。

2. 对于长辈带孩子的家庭，要格外注意老人的财富观念对孩子的影响。

3. 在消费过程中关注价值而不是价格是首要原则。

4. 在每一次消费中，都问问自己，是否通过这次消费创造了更大的价值。

亲子财商互动练习示范：

与孩子制订月消费计划，对每一笔消费进行思考：我们花的钱产生了怎样的价值？价值增加了还是减少了？

第六章　要有保险意识

保险不是健康长寿的保障，而是在我们遭遇无法预料的意外，需要大量现金的时候，能够获得的现金使用权。通过这样的财务安排，在投资了一部分资金后，我们在意外发生时可以获得投资金额的10倍、20倍甚至更多的现金。

过去的中国家庭习惯依赖工作单位给上的保险，例如医疗保险、失业保险。保险这种金融工具进入中国家庭的时间并不长。有时候我们看到一个家庭因为重疾而陷入财务困境，同情之余也会思考：生老病死是人之常理，应该提早通过商业保险来为自己和家人的财务做好保障。

在理财计划中，保险属于重要但不紧

急的那一类。我们投保的事项是我们在生活中最不希望发生、不愿意面对的事情，也是最容易被我们忽略的。很多时候，我们想不到为这些事项投保，等到我们需要的时候，却来不及投保了。而保险是通过日积月累的小钱投入，在风险发生时换取大量现金的财务手段，是家庭财富计划中的必要安排。

我会经常跟女儿一起翻看给她的投保计划，让她知道，风险发生时，我们能够使用多少现金。我也会给她看她的教育金储备，这也是对她发奋学习的一种激励。

当然，美国的保险业与中国的保险业在法律、政策、产品设计、保险资金投资方式等方面存在很多差异。贝丝提到的很多产品细节对于中国家庭只能作为参考。

中国家庭在制订自己的保险计划时
应遵循的 7 个原则

第一，先保障家长（尤其是家庭收入主要来源的一方家长），再保障孩子。以尽早投保为原则，要跟健康和风险赛跑，越早投保，保费费率越低。

第二，每年投入的保费不超过家庭总收入的 30%。

第三，如果初期资金少，先选择消费型计划，尽可能满足保额的需要。收入高了以后，再变更为储蓄型计划。在保险费率和保额之间找到最优比。

第四，先完成风险保障计划，比如重大疾病保险、意外伤害保险、住院医疗保险、人寿保险等保障型的计划，在保额充足并且预算充足的情况下，再完成长期资金规划，比如儿童教育金计划、养老金计划。

如果预算仍然充分，再考虑投资联结保险等投资型计划。

第五，在做保险投资时，少考虑投资回报率，多考虑资金的安全性和长期性。保险不是为了获得投资收益的计划，而是一种保障资金安全的财务安排。

第六，时间和复利会给你带来惊喜。保险是财富代际传承方案的重要组成部分。

第七，除了人身保险，家庭财产保险（包括车辆保险、火灾保险等）、旅行财物保险、航班延误险（这个是我最常获得理赔的保险）也是家庭可以经常考虑的保险计划。

选择保险公司及代理人的 4 个原则

第一，目前，各家公司的保险费率相似，价格差异主要出现在保障范围及服务上。为一个不常使用，用一次就极重要的东西投保，我推荐大家买最优质的。

第二，考察保险公司的信用级别以及运营时间，比价格低廉更为重要。

第三，选择代理人一定要选择自己信任的人，最好比自己年轻5~10岁。因为一旦发生意外，很多事情需要代理人来办理。

第四，网络保险是未来的趋势，会降低请代理人的成本。在选择网络保险时，要自己先理解关键条款及理赔流程。

除了我们熟悉的商业保险，其实孩子还要考虑自己职业的风险。在瞬息万变的未来，僵化的知识结构将难以应对未来的职业波动。在30~40年的职业生涯中，有远见、强大的终身学习能力、跨学科领域的整合能力，都是帮助孩子规避职业风险的必备素质。

亲子财商互动练习示范：

与孩子一起整理家庭保单。让孩子了

解，在特定情况下，家庭能够获得相应的现金数额。

第七章　如何投资

想获得财富自由，就要学会投资，学会让钱为你工作。

作者在这一章中给出了一系列实用而细致的投资建议，其中，401K 计划、交易所交易基金、指数基金等金融产品和服务与中国实际情况有较大出入，但整体思路值得我们借鉴，家长要从小培养孩子的投资能力，让孩子对投资行为不再陌生。

我在私人财富领域服务近 20 年，发现中国家庭投资很容易走两个极端：要么只把钱放在银行，宁愿自己加班挣钱；要么就是带着赌徒的心态完成投资行为。而正确的投资决策是既要能获得良好的收益，又能把风险控制在安全的范围内。

让孩子学习投资，要做的第一件事就是提升孩子承担风险的能力。金融的收益与风险成正比，能够承担风险，同时又能够控制风险的投资人才是合格的投资人。如果承担风险的能力没有训练好，孩子会害怕损失，在投资决策中就会逃避风险，缺少魄力。

其次，培养孩子基于价值判断的决策能力。投资就是对价值预期的一种决策，但少有家庭能够用科学的方式训练孩子的决策能力。决策的能力是逐步成长的，在孩子小的时候，从100元的投资决策做起，等他慢慢长大，便可以做出1万、100万甚至是1个亿的投资决定。投资决策的逻辑都是相似的，敢于承担风险、完成决策的魄力是需要逐步培养起来的。

　　家庭教育和学校教育少有对风险承担能力的训练。很多家族继承人很小被送到西方学习，学成归来回到家族企业中，父辈就期许孩子能够像当年的自己一样大刀阔斧。但有的人即使修习金融专业，但是缺乏系统性的训练，也很难成为一个决策者。

　　提升一个孩子的投资决策能力、风险承担能力，是从小学之前就要开始的，巴菲特曾经说："让孩子们习惯风险，与风险成为好朋友。"我一直致力于对女儿进行财商教育，她8岁时就已经可以独立完成股票的投资决策了（当然是在有限的选择下）。在这之前，她已经学完了亲子财商®教育系统0~7岁、8~14岁阶段的课程，具备了股票投资的基本知识和决策能力。

　　2018年，中美贸易摩擦，我特意抓住这次股票市场强力振荡的机会来磨练女儿的心性。一个好的投资操盘手不仅要了解市场，了解企业，更重要的是了解自己的贪婪与恐惧。我相信，让女儿在输赢的痛与乐中成长，是给未来的她最好的礼物。在这个过程中，我会帮助她搜集资料、分析宏观微观经济形势、研究财务报表，与她进行平等的讨论，最后，由她自己做出决策。

投资，作为未来社会必要的生活技能，需要家长引导孩子学习。一个不会投资的孩子，即使坐拥万贯家财，也有可能挥霍殆尽，而一个有能力创造价值的孩子，从零起步，也能掌控自己的人生。

亲子财商互动练习示范：

带着孩子一起去完成一次投资行为，例如投资一只股票、选择指数基金、购买某种银行理财产品，并与孩子分享自己的投资决策过程。

第八章　乐于奉献

从经济学的角度来看，整个社会是一个整体，个人利益与社会利益需要平衡。

在实践亲子财商®的家庭中，有些经济状况不错的家长常常会感觉自己的孩子对钱提不起什么兴趣，也没有什么动力。出现这个问题主要是因为孩子轻而易举就可以获得物质满足，所以他很难对钱本身产生很大的兴趣。

当一个能量强大的人，将一己的需要放大到整个社会时，他获得的动力会更加强大和持久。在马斯洛的需求理论中，当一个人满足了生存的需要、安全的需要、社会归属的需要、受人尊重的需要后，就会产生实现个人价值的需要。实现个人价值，就需要通过回报他人、服务社会来实现。

对于大多数家庭来说，孩子的学习和

能力固然重要，但决定个人财富高度的是他的人生格局。家长要身体力行，帮助孩子了解个人价值，树立长远的、有意义的人生目标。

第九章　你的孩子最重要的
理财决定：大学

这一章最值得我们中国家长思考。大多数美国家庭不会为孩子准备大学教育金。美国的教育体制与我们有很大不同，孩子有很多方式可以申请到奖学金和低息贷款，也可以在高中毕业后工作几年，攒钱供自己上大学。美国家庭有一个理念：上大学，是孩子自己的财务投资，孩子要为自己的投资结果负责。

美国孩子把大学学费作为投资在思考：

时间、金钱、机会成本，他们要考虑的是毕业时的回报。

在中国大学里经常出现的情景是男生在打游戏，女生在刷韩剧。而他们的学费是家长省吃俭用攒下来的。

当我们的孩子大学毕业走上社会时，由于缺乏对社会的认识，很多人无法有效发挥自己的个人价值。我们的孩子按照父母的意愿学习，按照父母的意愿上大学，然后再按照父母的意愿工作，只有到毕业找工作时才开始思考如何实现自己的社会价值。如果还来不及想，就先考研、考博，抑或到博士毕业也都没有思考清楚。

我们的家长之所以焦虑，是因为孩子的教育是家庭最大的投资，而投资结果却是由孩子来决定的，家长决定不了。因此，出现了痛苦、焦虑，甚至伤害了亲子关系。是谁在剥夺孩子对自己人生负责的机会？是谁让家长直到孩子大学毕业还要继续操心？

那些财商高的家长，不会认为上名校是孩子的唯一出路，他们更能发现创造幸福生活的机会。如果家长的人生格局狭窄，孩子的视野也会被局限。每年高考大军中能够考上名校的学生凤毛麟角，更多的孩子需要选择普通高校完成学业。而把上名校当成孩子人生唯一目标的家长，会让孩子消耗很多不必要的精力。在科技高速发展的今天，名校能够给予孩子的只是一块相对优质的敲门砖。

能够获得内在动力，对自己的人生负责，有服务他人的意识，加上良好的操控金钱的能力，能通过投资获得更大价值，这样的孩子才能在未来掌控自己的人生。

第十章 给父母的理财建议

在跟随作者一起走过了 9 段财商之旅之后，我想跟大家讨论一个问题：

一个人为什么会有钱？或者说，如何衡量一个人的财商？

从事了多年的个人财富管理、家族财富管理工作之后，我认识到，如果我们仅仅把财商教育看作金融知识、经济学知识的灌输，那么这些专业的毕业生应当都成为大富翁才对。但在现实生活中，成就财富的并不是这些知识，它们只是工具。

是否对金钱产生兴趣，是否能对未来做出合理预期，是否能够承担风险，这些是衡量一个人财商的核心要素。孩子能否拥有这些能力，父母起到了决定性的作用。可以说，父母是孩子最好的财商老师。父母的价值观和价值衡量体系会深深扎根在孩子脑中，影响着孩子的每一个决策，伴随孩子一生，成就孩子的人生。

因此，在培养孩子的财商的同时，广大家长也得到了重新审视自己的价值观、消费习惯、理财习惯、投资习惯的机会。同时也可以借此机会思考，我们如何工作，如何生活，如何回报社会。

在这一场亲子财商的对话中，与孩子共同成长，成就更好的彼此。

陈昱

2019 年 4 月 28 日